아나운서처럼 메이크업하라

아나운서처럼 메이크업하라

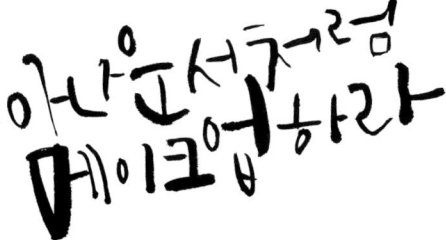

권선영 지음

오픈하우스

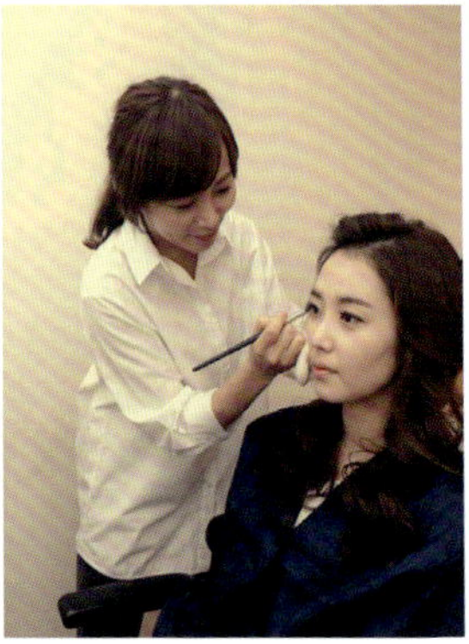

첫 만남을 성공적으로 이끌어주는 아나운서 메이크업

메이크업 아티스트가 된 지 18년째. 초창기엔 나도 대부분의 메이크업 아티스트들이 그러하듯 배우들과 함께 작업하는 경우가 많았다. 하지만 우연한 계기로 아나운서 메이크업을 시작하면서부터는 대부분의 작업을 아나운서들과 함께하고 있다. 이유는 간단하다. 내가 일해 온 18년 동안 수많은 메이크업 트렌드가 만들어졌다 사라졌지만, 아나운서 메이크업은 꾸준히 인기를 끌고 있기 때문이다. 아나운서 메이크업의 포인트는 지적이면서도 신뢰감이 드는 얼굴, 바라보는 사람의 마음을 편안하게 만들어주는 '좋은 인상'이다. 요즘은 배우 못지않게 예쁜 외모의 아나운서들도 많아졌지만 그들조차 메이크업을 할 때 가장 중점을 두는 부분은 '인상이 좋아 보이게' 하는 것이다.

이 책에는 18년간 아나운서 메이크업을 해오면서 어떻게 하면 더 좋은 인상으로 만들 수 있을까에 대해 고민하여 얻은 나만의 결과물을 담았다. 아나운서 메이크업은 취업 면접, 프로필 사진, 승무원이나 큐레이터처럼 사람을 상대하는 직업을 가진 사람, 중요한 미팅 등 누군가와

처음 인사를 나누는 자리에서 '아나운서처럼 좋은 인상을 주는 얼굴'로 상대에게 큰 호감을 줄 수 있을 것이다. 또한 많은 여성들이 선망하는 직업인 아나운서 혹은 방송인이 되기 위해 어떤 준비가 필요한지, 현재 왕성하게 활동 중인 여러 아나운서들의 조언과 그녀들의 실제 메이크업 과정도 함께 담았다. 첫 번째 책 『터치』보다 화장품에 대한 이야기를 좀 더 넣었다. 타고난 피부가 좋아도 그걸 유지하기가 쉽지 않은 환경에 살고 있기 때문에 자신에게 적합한 제품을 선택하고 올바르게 사용하는 것이 얼마나 중요한지 몸소 느끼고 있다.

원하는 바가 있다면 관심을 두고 꾸준히 노력해야 비로소 자신의 것으로 만들 수 있다고 생각한다. 메이크업도 마찬가지다. 책에 나오는 메이크업 중 한 가지라도 실제로 해보면 그 과정에서 자신만의 노하우가 생길 것이다. 이제부터 시작해보자. 좋은 인상 만들기 프로젝트.

메이크업 아티스트 권선영

목차

2장 메이크업의 핵심, 아이 메이크업

COSMETICS & TOOLS

5장 첫 만남을 성공적으로 이끌어주는 아나운서 메이크업

6장 아나운서 메이크업, 아나운서에게 묻다

7장 아나운서들의 뷰티 멘토, 권선영의 메이크업 라이프

1

메이크업의 절반,
베이스 메이크업

1

메이크업의 절반, 베이스 메이크업

무슨 일이든 첫 단추를 잘 끼워야 한다. 메이크업도 마찬가지다. 베이스 메이크업이 깔끔하게 되어 있지 않으면 이후의 과정들은 생각만큼의 효과를 기대하기 어렵다. 깨끗하고 환해 보이는 피부를 만들고 싶다면 먼저 파운데이션을 잘 골라야 한다. 그리고 파운데이션을 내 피부에 밀착시켜줄 맞춤 도구와 약간의 스킬이 더해지면 본격적으로 메이크업을 시작할 준비가 끝난 것이다.

파운데이션-컨실러-프라이머-파우더

파운데이션

파운데이션은 피부에 하는 라미네이팅과도 같다. 변색되거나 못난 치아를 라미네이팅으로 하얗고 예쁘게 다듬듯, 피부의 크고 작은 결점을 감춰줌으로써 자신감을 높여준다. 또 피부톤을 균일하게 맞춰주어 빈 도화지 상태의 얼굴로 만들어준다. 파운데이션만 잘 골라도 삶은 달걀처럼 매끈하고 보늘보들한 피부 표현이 가능하다.

foundation

리퀴드 파운데이션

가장 일반적인 파운데이션의 형태로, 수분 함유량이 많아 건성피부에 특히 적합하다. 발림성이 좋고 투명한 피부 표현이 가능하지만 제형이 묽은 만큼 커버력과 지속력은 약한 편이다.

스틱 파운데이션

고체형 파운데이션으로 조금 뻑뻑한 질감이다. 피부에 잘 밀착되고, 커버력이 우수하여 결점이 많은 피부에 효과적이지만 사용 후 건조함이 느껴질 수 있다.

리퀴드 파운데이션

쿠션 파운데이션

많은 여성들이 사용하는 쿠션 파운데이션은 리퀴드 파운데이션을 스펀지에 적신 형태로 단시간에 메이크업이 가능하다. 여러 번 덧발라도 두껍지 않고 피부가 촉촉해 보인다. 액체 타입에 가깝기 때문에 사용 후 끈적임이 느껴질 수 있고, 잘 지워지는 단점이 있지만 휴대가 간편해 부담 없이 쓸 수 있다.

비비크림

커버력이 좋고 적당히 쫀쫀한 제형으로 발림성도 괜찮은 편이다. 초보자도 쉽게 바를 수 있지만 피부톤이 어두워 보일 수 있다.

스틱 파운데이션

쿠션 파운데이션

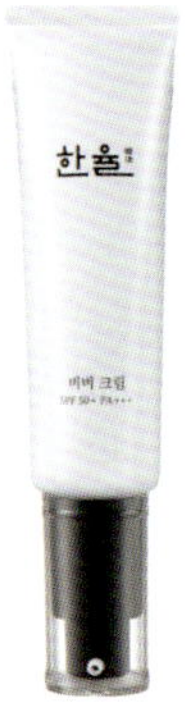

비비크림

파운데이션 고르기

테스터를 손등에 해보고 파운데이션을 고르는 경우가 많은데, 얼굴과 손은 피부결, 피부톤, 피부 상태가 엄연히 다르다. 제품을 구매할 때 시간이 좀 걸리더라도 볼 쪽 메이크업을 일부분만 지우고 그 위에 테스터를 발라 최적의 선택을 할 수 있도록 한다. 볼에 점이나 잡티가 있다면 그 부분을 지워서 테스트해보는 것이 커버력도 함께 살펴볼 수 있어 더욱 좋다. 자신의 피부 타입과 피부톤에 잘 맞는 파운데이션을 고르는 것이 베이스 메이크업에서는 가장 중요하다.

브러시와 스펀지

파운데이션 브러시

메이크업 아티스트로서 내가 가장 선호하는 도구는 브러시다. 뭉침 없이 균일하게 파운데이션을 바를 수 있고, 무엇보다 다루기가 쉬워 메이크업 시간을 단축시켜준다. 예전에는 브러시 모가 아주 정교하지는 않아서 결 모양이 얼굴에 남아 초보자가 사용하기에 어려운 점도 있었지만, 요즘은 결이 아주 고운 천연모 제품이 많이 나와 있으니 자국이 남을 걱정은 하지 않아도 된다.

라텍스 스펀지

건성피부라면 물에 적셔서 꼭 짠 라텍스 스펀지를 사용해보자. 물기를 머금고 있어 파운데이션을 바르고 난 뒤에도 촉촉함이 오래가고, 발림성도 좋다. 스펀지가 파운데이션을 흡수하기 때문에 세척을 해도 제품이 남아 있을 수 있으니 여러 개를 구비해두고 주기적으로 새것으로 교체해 사용하는 것이 좋다.

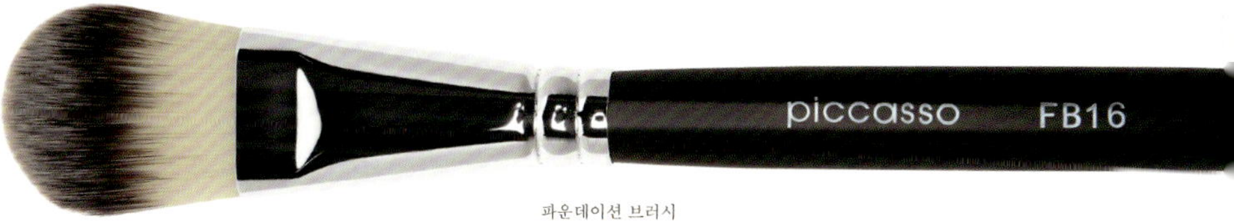

파운데이션 브러시

라텍스 스펀지

컨실러

컨실러는 피부 트러블, 붉은 기, 다크서클, 잡티, 상처, 멍 자국 등을 가려주는 피부 메이크업의 필수품이다. 컨실러를 잘 사용하면 피부 결점을 감춰줄 뿐만 아니라, 불필요하게 사용되는 파운데이션의 양을 줄일 수 있어 피부톤을 훨씬 자연스럽게 만들어준다. 파운데이션을 몇 배 압축해 놓은 듯 커버력이 뛰어난 컨실러는 부위에 따라 각기 다른 타입을 사용하는 것이 효과적이다. 컬러가 다양하지 않으므로 자신이 사용하는 파운데이션 컬러와 최대한 가까운 것을 선택하고, 바른 뒤 파운데이션과의 경계가 생기지 않도록 주의한다.

concealer

브러시 타입

가장 묽고 촉촉한 제형으로 눈 밑 다크서클에 사용하기 적합하다. 한 번에 너무 많은 양을 바르지 말고 소량으로 여러 번 덧발라 확실하게 밀착시켜 주는 것이 포인트. 눈 밑은 피부가 예민하고 주름이 많은 부위이므로 최대한 얇게 펴 바르는 것이 중요하다.

스틱 타입

휴대가 간편하고 사용이 편리하다. 매트한 편이므로 움직임이 많은 눈 밑이나 눈가, 팔자주름에 사용하면 피부가 건조해져서 주름이 도드라져 보일 수 있다. 지속력과 커버력이 뛰어나 잡티, 상처, 뾰루지 등 집중적으로 커버하고 싶은 부위에 사용하기 적합하다. 커버를 원하는 부위에 점을 찍듯이 바른 뒤 경계 부분만 손끝으로 두드려 자연스럽게 그라데이션 해준다. 커버할 부위보다 더 넓게 바르게 되면 파운데이션과 컬러 차이가 확연히 나서 수두 자국처럼 보일 수 있으므로 주의한다.

브러시 타입

스틱 타입

크림 타입

스틱 타입보다는 부드럽고 무르지만 브러시 타입보다는 점도가 있어서 커버력과 지속력 둘 다 좋은 편이다. 넓은 부위를 커버하고 싶다면 크림 타입 컨실러가 적합하다. 브러시에 덜어 얇게 펴 바른다.

펜슬 타입

사용하기가 쉽고, 빠르고 정확하게 점과 잡티를 커버할 수 있다. 커버할 부위보다 약간 넓게 원을 그리듯 바른 뒤 경계가 생기지 않도록 면봉으로 살살 문질러 마무리한다. 모든 점을 다 가리는 것보다는 두드러지는 것 몇 개만 가리는 게 훨씬 자연스럽다.

크림 타입

펜슬 타입

컨실러 브러시

눈 안쪽이나 팔자주름 등 좁은 부위에 사용할 경우, 모질이 부드럽고 납작하면서 끝이 뾰족한 형태의 브러시를 선택하는 것이 좋다. 넓은 부위의 잡티에는 파운데이션 브러시보다 조금 작은 사이즈의 납작한 브러시를 사용한다.

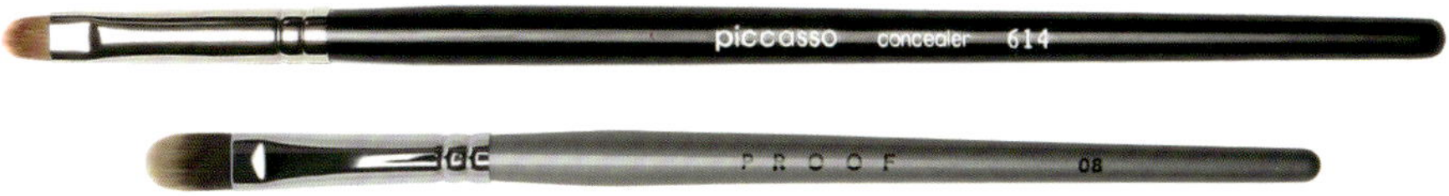

컨실러 효과 높이는 법

잡티

잡티를 더욱 완벽하게 가리고 싶다면 컨실러 사용 후 파우더를 한 뒤, 다시 한 번 잡티에 컨실러를 바르고 그 부분만 파우더로 꾹 눌러준다.

다크서클

다크서클을 커버할 때 눈 밑을 환하게 하려고 너무 밝은 톤의 컨실러를 사용하면 푸른빛이 돌아 아파 보일 수 있으니 피부색과 비슷한 컨실러를 사용하는 것이 좋다. 커버에 욕심을 내서 두껍게 바르면 웃을 때 주름이 도드라질 수 있으니 최대한 얇게 바르는 것이 중요하다. 가지고 있는 컨실러가 매트한 편이라면 파운데이션과 섞어서 촉촉하게 사용할 수 있다.

Tip

피부 색깔과 피부 타입에 따라
컨실러 컬러 선택하기

컨실러는 피부 타입보다는 피부톤에 맞춰 선택해야 한다. 가장 좋은 방법은 이마나 턱에 발라보는 것. 보통은 파운데이션과 비슷한 컬러를 선택하되, 붉은 여드름에는 피부보다 좀 더 어두운 컬러를 사용하는 것이 좋다. 어두운 톤과 밝은 톤 두 가지 컨실러를 피부 상태에 따라 섞어 쓰는 방법은 메이크업 아티스트들이 주로 쓰는 테크닉 중 하나다.

프라이머

파운데이션 전 단계에 사용하는 프라이머는 피부의 모공이나 요철을 감춰주고 파운데이션의 피팅력을 높혀 메이크업을 장시간 지속시키는 것은 물론 피부톤을 생기 있게 만들어준다. 메이크업베이스 대신 사용할 수 있는 제품으로, 파운데이션이 얼굴에 균일하게 발리지 않는다고 느껴지면 한번 사용해보기 바란다. 너무 많은 양을 바르게 되면 파운데이션이 뭉치거나 밀릴 수 있다. 모공을 커버해 매끈한 피부로 만들려다 오히려 지저분한 피부가 연출될 수 있으니 소량을 얇게 펴 바르는 것이 중요하다.

primer

◆ 피부 색깔에 따라 프라이머 선택하기

퓨어 바이올렛

피부톤이 어두운 편이라면 연한 바이올렛 컬러의 프라이머로 화사한 톤을 연출할 수 있다.

아이스 바닐라

붉은 기가 있는 피부에는 바닐라 컬러의 프라이머가 적합하다. 트러블로 인해 얼룩지거나 붉은 피부를 보정해주는 데 효과적이다.

마일드 피치

노란 기가 도는 피부에는 피치 컬러의 프라이머로 환하고 생기 있는 피부 표현이 가능하다. 대부분의 한국인이 가지고 있는 피부톤으로 가장 많이 선택하는 컬러다.

◆ 피부 타입에 따라 프라이머 선택하기

피지 분비가 활발해 뻥 뚫린 모공

피지 분비가 활발하다고 해서 기초 제품을 제대로 바르지 않으면 파운데이션이 들뜰 수 있다. 피부 속이 촉촉해질 수 있게 유분 함량이 적은 제품으로 기초 케어를 꼼꼼하게 해준다.
뻥 뚫린 모공을 커버하고 싶다면 프라이머를 바른다. 밤 또는 크림 타입의 프라이머를 이용하여 모공에 밀착되도록 얇게 펴 바른다. 이런 피부 타입은 조금만 시간이 지나도 유분이 많이 생기기 때문에 메이크업 마무리 단계에서 모공파우더를 바르면 모공 커버는 물론, 번들거림도 잡아줄 수 있다.

나이가 들면서 건조함이 심해져 축 처진 모공

먼저 수분 위주의 기초 케어가 매우 중요하다. 피부가 건조하면 모공이 오히려 부각되어 보이므로 기초 단계에서 수분크림을 꼼꼼하게 발라준다. 건조한 피부에 적합한 프라이머는 질감이 너무 하드하거나 매트하지 않아야 한다. 리퀴드나 로션 타입의 프라이머를 선택하여 모공이 처진 방향대로 발라준다.

시선 분산 효과를 위해 광택 펄을 활용하라

광택 펄이 함유된 베이스 제품을 사용하면 피부 표면이 반짝거려서 피부가 좋아 보이는 듯한 효과를 준다. 많이 바르면 뭉치고 다크닝 현상이 생길 수 있으니 소량만 바른다.

Tip

프라이머 사용 팁

프라이머는 브러시나 스펀지로 바르는 것보다 손끝으로 바르는 것이 흡수력을 높여준다. 다 바른 뒤 손바닥을 비벼 손을 따듯하게 한 상태로 얼굴을 감싸주면 피부에 좀 더 잘 스며든다.

◆ 프라이머 제대로 활용하기

밤 타입 프라이머

밤 타입의 프라이머는 메이크업 후 사용해도 번지지 않고, 크기가 작고 가벼워서 가지고 다니기 좋다. 스킨케어 마지막 단계에서 모공이 신경 쓰이는 부위나 번들거림이 심한 곳을 중심으로 얇게 펴 바르거나 톡톡 두드려 사용한다. 메이크업 후 피부가 번들거릴 때 사용하면 피지를 잘 흡착하고 피지 분비를 조절해주는 효과가 있어 메이크업 수정용으로도 사용할 수 있다.

밤 타입 프라이머

프라이머 기능성 루스 파우더

자외선 차단제 사용 후나 베이스 메이크업 후에 사용하면 유분 없이 보송보송하고 매끄러운 피부로 연출할 수 있다. 피지 분비가 심한 부분에 집중적으로 사용하도록 하며, 내장된 퍼프를 이용해 얼굴 안쪽에서 바깥쪽을 향해 눌러 바르거나 브러시를 이용해 가볍게 쓸어주는 방법으로 사용한다.

Tip

모공 관리 팁

피지와 먼지가 모공을 막으면 노폐물 배출이 잘 되지 않아 모공이 넓어지고 여드름까지 생길 수 있으니 꼼꼼한 세안이 가장 중요하다. 아침 세안 때는 저자극성 폼클렌저를 사용해 밤새 배출된 피지를 씻어내고, 저녁 세안 때는 1차 클렌징 오일, 2차 폼클렌저 순서의 이중 세안으로 메이크업의 잔여물과 노폐물을 깨끗하게 씻어 낸다.
각질 제거나 모공 청소를 위해 얼굴 전체에 필링 제품을 사용할 경우 피부가 쉽게 예민해질 수 있다. 각질이 쌓이기 쉬운 T존 부위와 콧방울, 입술과 턱 사이 정도만 세심하게 마사지하듯 문질러 필링한다. 일주일에 한두 번 정도 모공 브러시를 사용하는 것도 좋은 방법이다.
피부 온도가 올라가면 콜라겐 분해 효소가 활발해져서 피부의 탄력이 더 떨어지고 모공이 도드라져 보인다. 평소에 피부 온도를 일정하게 유지시켜주고 수분을 꾸준히 공급해주는 기초관리가 필요하다.

프라이머 기능성 루스 파우더

파우더

파우더는 파운데이션을 바른 뒤 번들거리는 피부를 보송보송하게 만들어주고, 메이크업의 지속력을 높여준다. 이후 아이나 립 메이크업시 제품의 발색력을 높여주는 역할도 한다. 피부가 건성이거나 윤기 나는 피부를 원한다면 파우더를 생략해도 되지만, 유분기가 빨리 올라오는 T존 부위만이라도 발라주는 것이 좋다. 특히 격식을 갖춰야 하는 자리에서는 반드시 파우더를 발라 매트한 피부로 연출하는 것이 깔끔한 인상을 줄 수 있다.

powder

루스 파우더

일반적으로 많이 사용하는 가루 파우더로 브러시에 묻혀 한 번 털어낸 뒤 얼굴을 쓸 듯이 바른다. 파운데이션을 바른 뒤 느껴지는 끈적임이 싫다면 루스 파우더를 사용해 좀 더 보송보송한 피부로 연출할 수 있다.

프레스드 파우더

가루 파우더를 압축하여 고체형으로 만든 파우더로 매트한 피부 표현을 원할 때 사용한다. 퍼프로 찍어 누르듯 바르면 되니 사용이 편리하다. 루스 파우더보다는 커버력이 좋지만 건성피부의 경우 건조함을 느낄 수 있다.

루스 파우더

프레스드 파우더

브러시와 퍼프

파우더 브러시

얼굴 전체에 넓게 바르는 용도이므로 부채꼴 모양의 브러시가 사용하기에 편리하다. 여분의 가루 입자를 털어내기에도 편하고, 펄파우더로 쇄골 등의 바디 메이크업을 할 때 사용하기에도 좋다.

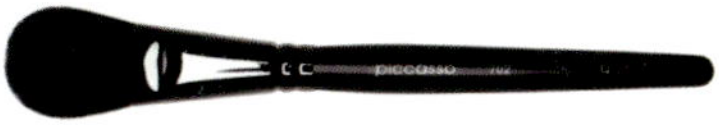

파우더 브러시

파우더 퍼프

피부 자극이 덜한 천연 섬유 소재의 약간 도톰하고 얼굴에 닿는 면이 부드러운 퍼프를 선택하도록 한다. 엄지를 제외한 네 손가락이 손잡이에 쏙 들어가는 사이즈가 사용하기에 편하다.

파우더 퍼프

가장 활용도가 높은 두 가지 피부 메이크업

러블리하고 어려 보이는 글로시한 피부

동안 메이크업이 하나의 트렌드로 자리 잡으면서 얼굴이 촉촉해 보이는 물광, 매끄러운 윤기가 느껴지는 윤광 피부가 여전히 큰 인기를 끌고 있다. 이런 글로시한 피부 메이크업은 얼굴의 입체감을 살리면서 주름을 커버하기 때문에, 어려 보이고 사랑스러운 느낌을 줄 수 있다.

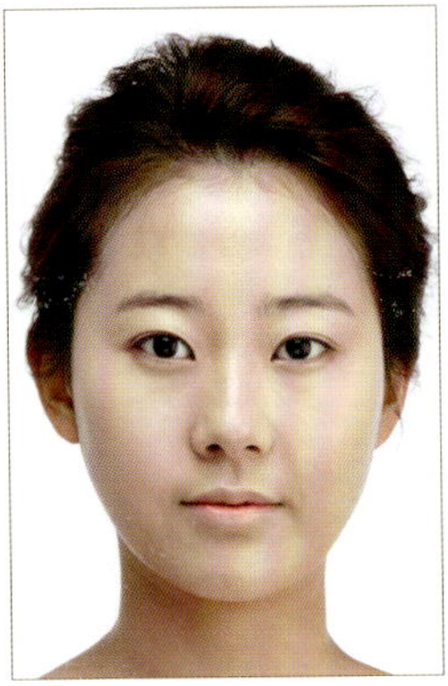

1 파운데이션을 얼굴 전체에 펴 바르고, 다크서클과 잡티는 컨실러로 커버한다.

2 T존 부위와 다크서클에 하이라이트를 바른다. T존 부위에는 좀 더 입체감을 주기 위해, 다크서클에는 눈 밑이 환해보이는 효과를 주기 위해 하이라이트를 미리 바른다.

3 T존과 애플존에 수딩밤을 얇게 펴 바른다. 글로시한 피부 표현을 원할 때 수딩밤이나 멀티밤을 활용하면 자연스러운 광택을 줄 수 있다. 단, 많이 바를 경우 파운데이션이 밀릴 수 있으므로 작은 진주알 절반 정도의 소량을 손등에 덜어 브러시에 여러 번 문지른 뒤 사용한다.

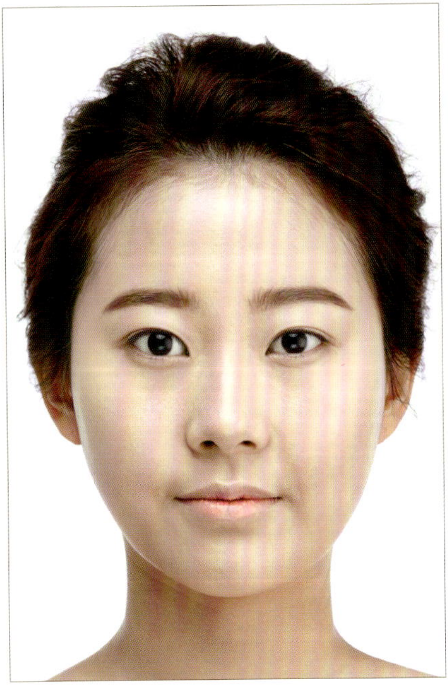

깔끔하고 차분한 인상을 주는 매트한 피부

어려 보이는 것도 좋지만 격식을 갖춰야 하는 자리에서는 깔끔하고 차분한 인상을 줄 수 있는 매트한 피부가 더 적합하다. 베이스 메이크업을 매트하게 할 경우 전체적으로 번짐이 덜하고, 좀 더 내 피부에 가깝게 자연스러운 메이크업을 완성할 수 있다. 건성피부의 경우 금방 얼굴 당김이 느껴질 수 있으니 수분 함유량이 높은 리퀴드 파운데이션을 사용하는 것이 좋다.

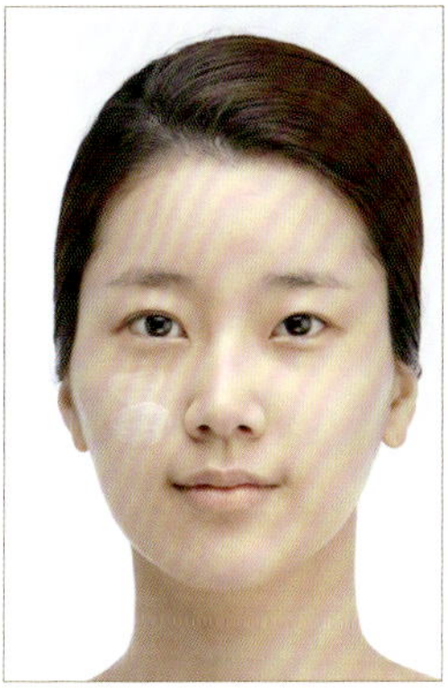

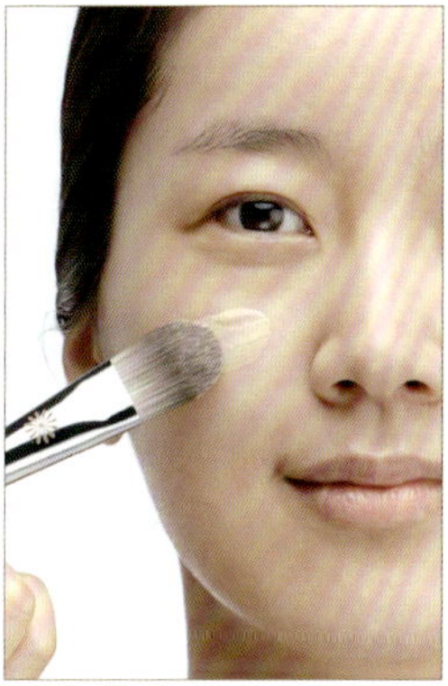

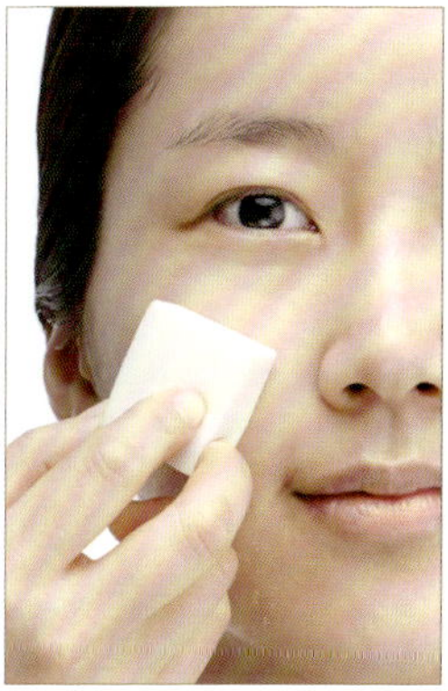

1 수분에센스와 수분크림을 발라 얼굴을 촉촉하게 만든다. 한꺼번에 많이 바르면 파운데이션이 뭉치거나 밀릴 수 있으므로, 소량으로 두세 번 발라주는 것이 좋다. 기초 단계에서 유분이 함유된 제품을 사용할 경우 메이크업을 마친 뒤 얼굴이 금방 번들거릴 수 있으니 유분이 함유된 제품은 되도록 사용하지 않는 것이 좋다.

2 브러시로 리퀴드 파운데이션을 얼굴 전체에 얇게 펴 바른다.

3 물에 적셔 꼭 짠 라텍스로 한 번 더 얇게 파운데이션을 펴 발라 준다. 물기가 있는 라텍스를 사용하면 파운데이션이 피부에 밀착되어 커버력이 높아진다.

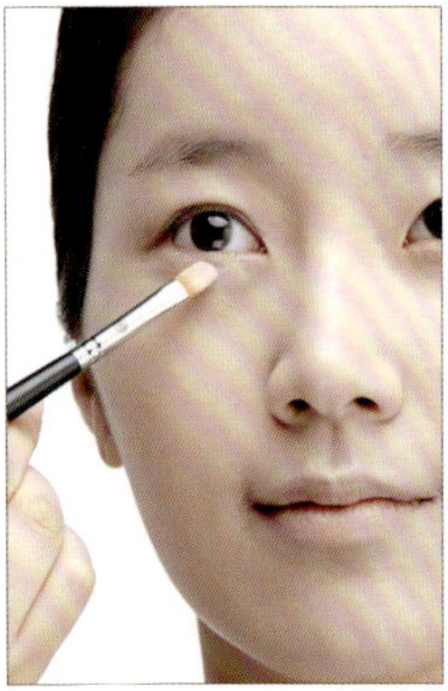

4 묽은 제형의 아이 브라이트너를 애교살과 다크서클에 두세 번 얇게 펴 바른다.

5 눈에 띄는 점이나 잡티는 크림 컨실러로 꼼꼼히 커버한다.

6 파우더를 브러시에 묻혀 한 번 털어준 뒤 얼굴 전체에 스치듯 쓸어준다.

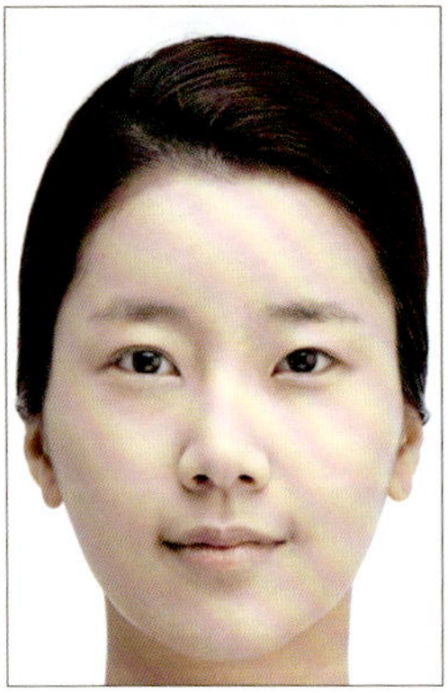

완성

Tip

지워진 베이스 수정 메이크업

라텍스 스펀지를 물에 적셔 물기를 꼭 짠 뒤, 파운데이션이 뭉친 부분을 살살 문질러 닦아낸다. 스펀지가 없다면 화장솜이나 부드러운 티슈를 적셔서 사용해도 된다. 닦아낸 부분에는 파운데이션을 소량만 짜서 얇게 펴 바른다. 브러시나 스펀지는 작은 지퍼백에 따로 담아 파우치에 넣어 다니는 것이 좋다. 휴대가 간편한 쿠션 파운데이션을 가지고 다니면서 수정 메이크업에 사용하는 것도 좋은 방법이다.

생략하기 쉽지만 꼭 해야 할 세이딩과 하이라이트

얼굴을 작게 만들어주는 셰이딩

파우더까지만, 혹은 블러셔까지만 하고 피부 메이크업을 끝내는 사람들이 많다. 하지만 셰이딩의 매력에 빠지면 하루라도 셰이딩 없이 메이크업하지 않을 것이다. 셰이딩을 하면 얼굴에 명암이 생겨 얼굴이 좀 더 입체적이고 작아 보인다. 튀어나온 광대, 각지거나 긴 턱 등 깎아내고 싶은 부위를 브러시로 몇 번 쓸어주면 거울로 직접 보고도 믿기지 않을 만큼 놀라운 효과를 보게 될 것이다.

먼저 귀밑머리부터 시작해 광대를 쓸어준 뒤 턱선, 턱 밑 등 페이스 라인과 이마 라인까지 따라 셰이딩을 한다. 헤어라인에 빈 곳이 많으면 시선이 분산되어 셰이딩 효과가 덜하다. 아주 작은 브러시를 이용해 비어 있는 헤어라인을 헤어와 비슷한 컬러로 꼼꼼히 채워주는 것이 좋다.

1

2

3

4

5

6

콧대와 볼륨을 살려주는 하이라이트

셰이딩과 하이라이트는 한 팀이라고 생각하면 된다. 셰이딩으로 얼굴을 깎아냈으니 이제 이목구비를 또렷하게 해줄 하이라이트를 할 차례다. 셰이딩과는 반대로 도드라져 보이게 하고 싶은 부위에 발라주면 되는데 이마, 눈 밑, T존, 애플존, 인중, 턱 등을 슬쩍 쓸어준다. 하이라이트는 메이크업하는 부위가 돌출된 듯한 효과를 주므로 자신의 얼굴 형태에 따라 바르는 부위가 달라져야 한다. 만약 이마가 튀어나왔거나 입이 돌출되었거나 주걱턱이라면 해당 부위에는 하이라이트를 하지 않는 것이 좋다.

1

2

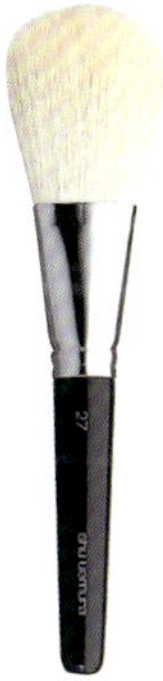

브러시에 하이라이트 가루를 묻혀 두세 번 털어낸 뒤 손에 힘을 빼고 T존과 콧대, 눈 밑을 중심으로 발라준다. 코끝이 뭉툭한 편이면 콧대까지만 바르는 것이 코가 더 높아 보인다.

2

메이크업의 핵심,
아이 메이크업

2

메이크업의 핵심, 아이 메이크업

메이크업 과정을 통틀어 가장 드라마틱한 변화를 주는 곳은 눈이다. 아이라인으로 눈매를 선명하게 잡아준 뒤, 원하는 분위기에 따라 아이섀도로 색을 입히고, 마스카라로 속눈썹에 볼륨감을 주면 눈이 커 보이는 것은 물론, 깊고 그윽한 눈매를 연출할 수 있다. 부드러운 인상을 주고 싶다면 가장 신경 써야 할 곳이 바로 눈썹이다. 어떻게 그리느냐에 따라 인상이 180도 달라질 수 있기 때문에 다듬는 법부터 도구 선택, 어울리는 모양 등 여러 가지 사항을 고려해야 한다.

COSMETICS & TOOLS

아이브로-아이라이너-아이섀도-인조 속눈썹

아이브로

누군가를 처음 만났을 때, 첫인상을 가장 크게 좌우하는 것이 바로 눈썹이다. 눈썹이 깔끔하게 손질되어 있으면 노메이크업 상태에서도 이목구비가 좀 더 또렷해 보이는 효과가 있다. 눈썹은 트렌드의 영향을 상대적으로 덜 받기 때문에 늘 그리던 대로 그리는 경우가 많으므로, 자기 얼굴 타입에 어울리는 눈썹 모양을 찾는 것이 중요하다.

브로 펜슬

스크루브러시

브로 펜슬

가장 많이 사용하는 펜슬 타입으로 눈썹 아래, 눈썹꼬리, 눈썹산의 가이드 라인을 잡은 뒤 스크루브러시로 살살 빗으면서 자연스럽게 라인을 정리한다.

브로 섀도

브로 섀도

케이스 안에 미니 브러시와 섀도가 함께 들어 있어 편리하다. 눈썹 숱이 많은 부위에는 연한 컬러, 숱이 적은 부위에는 진한 컬러를 사용하여 일정한 컬러톤의 눈썹을 완성할 수 있다. 눈썹 중앙부터 시작해 섀도의 양을 덜어내고 난 잔량으로 외곽을 그려주어야 자연스러운 눈썹이 완성된다. 처음부터 섀도를 많이 묻혀 라인을 그리면 눈썹이 너무 진하고 두꺼워진다.

브로 마스카라

브로 마스카라

아이브로 마스카라의 가장 큰 장점은 헤어 컬러가 밝을 경우 그에 맞춰 눈썹 컬러를 변신시킬 수 있다는 것이다. 밝은 브라운 헤어에 검은 눈썹은 촌스러워 보일 수 있다. 이럴 때 헤어와 비슷한 컬러의 브로 마스카라를 사용하면 눈썹이 자연스러우면서도 풍성해 보인다. 브러시에 최대한 적은 양을 묻혀 뭉치지 않게 바르는 것이 중요하다. 양 조절이 어렵다면 파운데이션 스펀지에 닦아서 쓰는 것도 좋은 방법이다.

아이라이너

누군가를 처음 만났을 때 가장 먼저 보게 되는 곳, 바로 눈이다. 상대방 혹은 이성에게 자신의 매력을 어필할 수 있는 곳 또한 눈이다. 그래서 아이 메이크업과 관련된 제품들이 매년 쏟아져 나오고, 다양한 기능을 갖춘 제품으로 업그레이드되고 있다. 그중 성형에 가까운 눈매 변화를 경험할 수 있는 아이라인은 아이 메이크업의 중심이다. 처음에는 깔끔하게 그리기가 어려울 수 있지만 조금만 연습하면 쉽게 그릴 수 있다. 라인 하나로 자신감 업! 아이라인을 갖게 되는 순간, 당신의 인생은 달라질 것이다.

붓펜라이너

붓펜라이너

라인을 선명하게 그릴 수 있고, 번짐이 덜하며 오래 지속된다. 특히 땀이 많이 나는 여름에는 아이라인이 번지기 쉬우므로 붓펜라이너를 사용하는 것이 좋다. 브러시가 얇아 어느 정도의 스킬이 필요하고, 라인이 또렷하게 그려지기 때문에 잘못 그렸을 때 수정이 어려운 점도 있지만 섬세하고 선명한 라인을 원한다면 붓펜라이너가 적합하다.

펜슬라이너

휴대하기가 간편하고 부드럽게 잘 그려져 초보자들이 사용하기 좋으나, 끝이 뭉툭해 눈꼬리 라인을 세밀하게 그리기는 어렵다. 사용 후 금방 번지므로 자주 면봉으로 닦아내거나 라인을 수정해야 하는 번거로움이 있다. 이럴 경우 브라운 컬러나 펄이 있는 펜슬라이너를 사용하면 번졌을 때 섀도를 바른 듯한 느낌이 들어 덜 지저분해 보인다.

젤라이너

깊고 풍부한 색감과 부드러운 질감의 젤라이너는 브러시를 써야 한다는 불편함이 있지만 원하는 만큼의 두께와 농도를 브러시로 조절할 수 있어 다양한 메이크업을 연출하기에 좋다. 특히 스모키 메이크업을 할 때는 아이라인을 두껍고 진하게 그리는 경우가 많아 젤라이너가 가장 효과적이다. 유분과 수분에 모두 강하므로 계절에 상관없이 사용하기 좋다. 브러시는 끝이 뾰족하고 납작하면서 탄력이 있는 모를 선택하는 것이 농도 조절이 편하고 눈꼬리를 얇게 표현하는 데 용이하다.

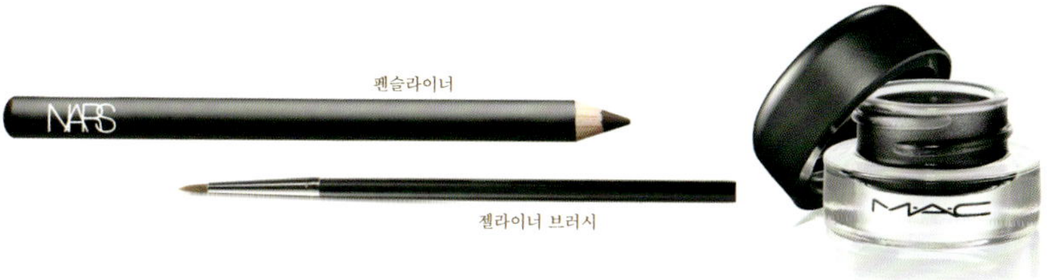

뷰러 & 마스카라

mascara

속눈썹 끝이 자연적으로 컬링되어 있는 사람은 그리 많지 않다. 쌍꺼풀이 크고 진한 사람도 속눈썹은 아래로 처져 있는 경우가 많아 예쁜 속눈썹을 만들기 위해 뷰러는 반드시 필요한 제품이다. 속눈썹을 길고 풍성하게 만들어주는 마스카라는 여성스러움을 부각시키고, 로맨틱한 눈매로 만들어준다.

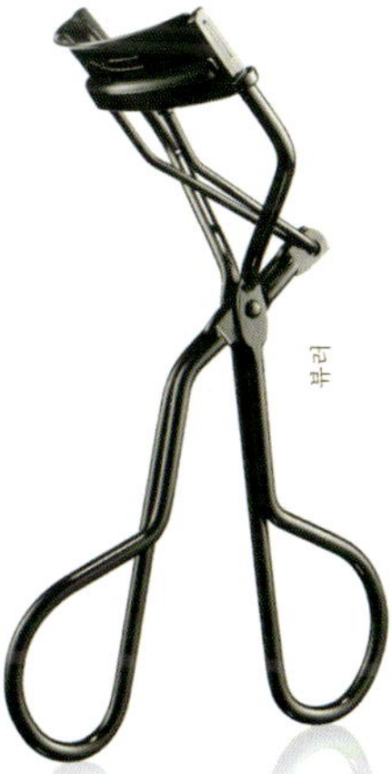

뷰러 선택법

뷰러의 곡선, 고무 패킹의 두께와 길이, 손잡이의 각도 등이 자기 눈과 잘 맞는지를 따져봐야 한다. 가장 중요한 것은 뷰러의 곡선인데, 눈이 플랫한 사람은 곡선이 완만한

뷰러를, 돌출형은 더 많이 구부러진 뷰러를 사용하는 것이 좋다. 뷰러가 자기 눈에 알맞게 밀착되지 않으면 속눈썹을 전체적으로 컬링하기 어려울 뿐더러 살을 집는 경우가 종종 생긴다. 또 고무 패킹이 너무 두껍고 길면 눈썹이 꺾여 속눈썹이 뽑히거나 끊어질 수 있으니 먼저 자기 눈의 길이, 크기, 돌출 정도를 꼼꼼히 살펴보고 그에 맞는 뷰러를 선택하도록 한다.

뷰러 사용법

속눈썹에 아무것도 바르지 않은 상태에서 뷰러를 이용해 속눈썹을 집고 45도 각도로 살짝 올려서 당겨준 뒤에 5초 정도 꽉 눌러준다. 사용 전 드라이기로 뷰러에 살짝 열기를 주면 히팅 효과가 있어 컬링 지속력을 높일 수 있다.

◆ 속눈썹의 결점을 커버해주는 마스카라 고르기

힘이 없어 아래로 처지는 속눈썹

길이는 길지만 힘없이 처지는 속눈썹은 힘 있게 올려주고 숱을 풍성하게 만들어주는 커브형 마스카라를 선택한다.

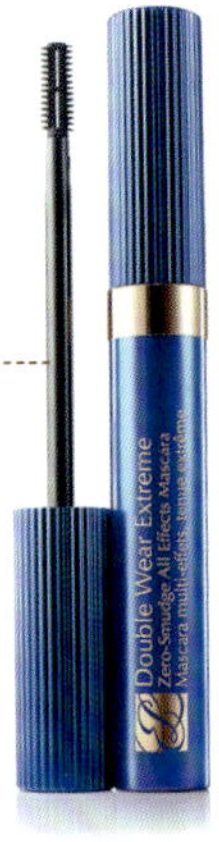

숱이 적은 속눈썹

일반 마스카라보다 솔이 얇은 마스카라가 적합하다. 아주 짧은 속눈썹까지 정교하게 마스카라 액을 바를 수 있어 숱이 적거나 힘이 없는 눈썹도 풍성하게 해준다. 아래 속눈썹도 꼼꼼하게 바를 수 있어 눈썹이 한층 더 풍성해 보인다.

길이가 짧은 속눈썹

가늘고 촘촘한 브러시가 있는 마스카라를 선택해 속눈썹 뿌리부터 올려주면 롱래쉬 효과를 볼 수 있다.

아이섀도

섀도는 음영과 입체감을 주어 눈을 더욱 돋보이게 한다. 섀도를 아이라인을 뒷받침하는 역할, 혹은 아이 메이크업의 베이스 정도로 생각하는 경우가 많은데, 화장을 잘 하지 않던 여성이 어느 날 레드 립스틱을 바르고 나타났을 때만큼이나 이미지 변신에 큰 비중을 차지하는 것이 바로 아이섀도이다. 컬러나 제형에 따라 느낌이 크게 달라지므로 자신이 생각하는 메이크업 콘셉트와 피부색 등을 고려해서 제품을 선택해야 한다. 보는 것과 실제 눈에 발랐을 때 발색에 큰 차이가 있을 수 있으므로 파운데이션처럼 반드시 테스터를 써보고 사는 것이 좋다.

파우더 타입

가장 일반적인 섀도로 컬러가 다양해 여러 분위기로 연출할 수 있다. 섀도를 바를 때 가루가 얼굴에 떨어지는 경우가 많으니 브러시를 한 번 털어준 다음 사용한다.

파우더 타입

크림 타입

색감이 은은하고 손으로 슥슥 펴 발라도 될 만큼 발림성이 좋다. 피부 밀착력이 높아 베이스로 사용하기 좋은 타입이다.

크림 타입

스틱 타입

브러시가 필요 없어 휴대가 간편하다. 크림 타입에 가까운 제형으로 발림성도 좋은 편이고, 뭉침이 적어 초보자에게 강력 추천하는 제품이다.

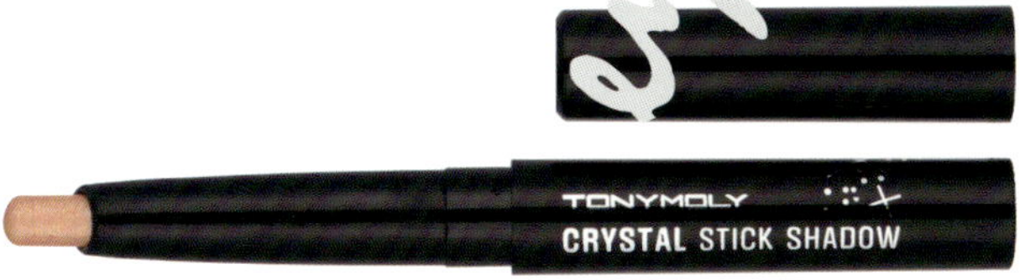

스틱 타입

◆ 피부톤에 따라 어울리는 컬러 고르기

흰 피부

흰 피부는 다양한 컬러를 소화할 수 있다. 그중 핑크 계열의 컬러가 가장 잘 어울리고 혈색이 좋아 보인다.

어두운 피부

건강미를 돋보이게 하는 골드나 브라운 계열의 컬러를 바르면 섹시한 느낌을 더할 수 있다.

노란 기가 도는 피부

대부분의 아시아 여성들이 가진 피부톤으로 오렌지나 브라운 계열, 코랄핑크 등의 컬러가 세련돼 보인다.

붉은 기가 도는 피부

얼굴이 희고 붉은 기가 도는 피부에는 블루나 퍼플 계열, 라벤더핑크 등의 컬러가 얼굴에 생기를 부여해 화사해 보인다.

◆ 아이섀도 브러시

1 쌍꺼풀 라인에만 바를 때

작고 단단하고 끝이 둥근 브러시는 섬세한 부분까지 그라데이션과 포인트를 주기 좋다.

2 아이홀 전체에 바를 때

도톰하고 둥글면서 짧은 브러시는 제품 입자를 잡아주는 힘이 좋아 발색을 돕고 가루 날림이 덜하다.

3 언더라인에 바를 때

각지고 납작한 브러시는 탄력이 좋아 흔들림 없이 원하는 대로 바를 수 있다.

1

2

3

인조 속눈썹

눈을 깜빡이거나 아래로 내리떴을 때 컬링되어 올라간 속눈썹을 부러워하지 않을 여자는 없을 것이다. 요즘은 속눈썹 연장술을 하는 여성들도 많은데 세안할 때마다 몇 가닥씩 빠지고 관리가 꽤 어렵다. 이럴 때 가장 간편한 방법은 인조 속눈썹을 붙이는 것. 작거나 쌍꺼풀이 없는 눈에 인조 속눈썹을 붙이면 눈이 두 배로 커지는 효과를 볼 수 있다.

eyelash

◆ 인조 속눈썹 고르기

가로 길이가 짧은 눈

눈 가장자리 부분의 길이가 더 길고 컬링이 좀 더 들어간 제품을 사용하면 눈이 길어 보이고 그윽한 느낌을 줄 수 있다.

세로 길이가 짧은 눈

적당한 길이에 숱이 많은 제품을 사용하면 눈이 커 보인다.

길이가 짧은 속눈썹

인조 속눈썹모의 숱이 적당하고 시작점부터 끝 부분까지 길이가 긴 제품을 사용하면 자연스럽게 속눈썹이 길어 보인다.

숱이 적은 속눈썹

전체적으로 길고 숱이 풍성한 제품을 선택하면 인형같이 크고 깊이 있는 눈매를 연출할 수 있다.

좋은 인상의 절대 조건,
둥근 눈매 만들기

첫인상을 결정짓는 일자갈매기 눈썹

가장 무난하면서 보편적으로 잘 어울리는 눈썹 형태이다. 펜슬로 라인을 만들고 라인 안쪽을 메우는 식으로 눈썹을 그리면 부자연스러워 보일 수 있다. 가장 숱이 없는 눈썹 끝에서부터 빈 곳을 한 올 한 올 심듯이 그려주면 자연스러우면서도 부드러운 인상의 일자갈매기 눈썹이 완성된다.

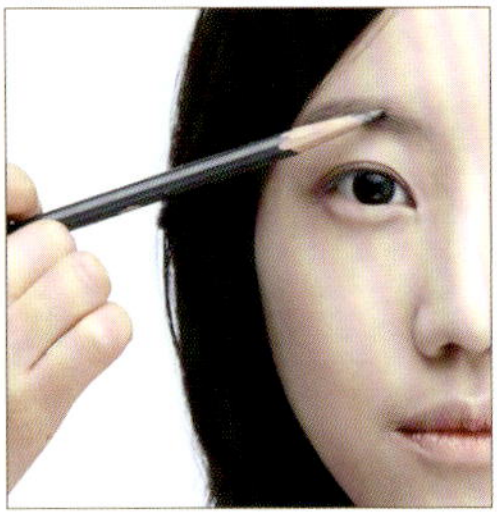

1 스크루브러시로 눈썹이 난 방향을 따라 빗어준다. 그리기 쉽고 수정이 간편한 아이브로 펜슬을 끝이 너무 뾰족하지 않게 깎고, 눈썹 끝에서 눈썹산이 있는 위치까지 1차로 그려준다. 색칠하듯이 위아래를 왔다 갔다 하며 그리지 말고, 위에서 대각선 아래 방향으로 심듯이 그린다.

2 눈썹 앞머리까지 진하게 그리면 인상이 강해 보이므로 눈썹산과 자연스럽게 연결되도록 손에 힘을 빼고 그려준다.

완성

부드러운 눈매로 바꿔주는 역삼각형 아이라인

눈꼬리에서 각도를 얼마만큼 올려 아이라인을 그리느냐에 따라 눈매가 많이 달라진다. 올려 꺾는 각도가 크면 눈이 커 보이는데, 그만큼 인상도 강해 보인다. 두 마리 토끼를 다 잡고 싶다면 아이라인을 선 하나로 끝내지 말고 역삼각형의 면을 함께 그려주면 된다. 평소 내가 즐겨 하고, 또 여러 아나운서들에게 해주는 방법 중 하나로 크고 선명하면서도 부드러운 눈매를 연출할 수 있다. 라인을 너무 길게 빼면 어색해질 수 있으니 너무 욕심내지는 말 것.

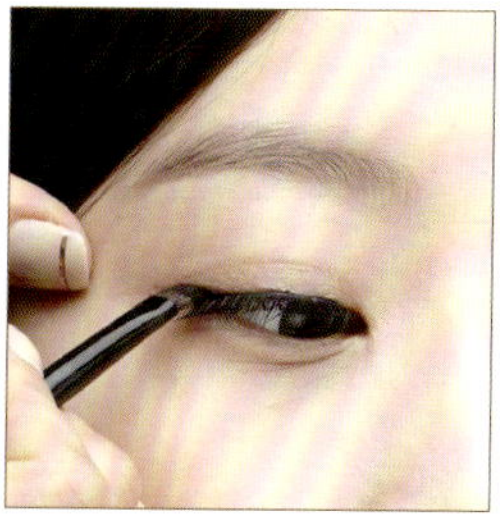

1

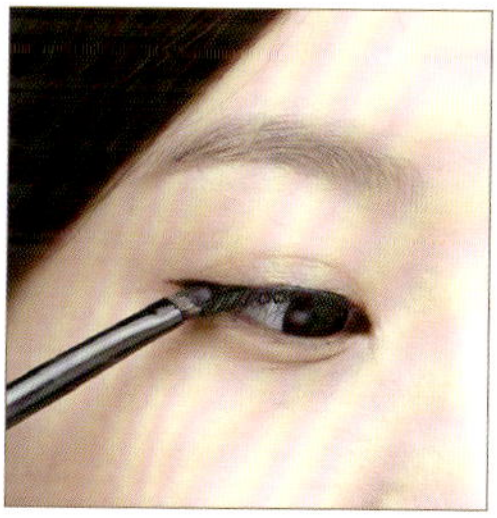

2

1 눈꼬리쪽 라인을 먼저 그린 뒤 눈 앞머리까지 연결시킨다. 쌍꺼풀이 진하거나 눈이 크다면 눈 앞머리는 굳이 라인을 그리지 않아도 좋다.

2 눈꼬리에서 조금만 라인을 올려 그린 뒤 라인의 끝과 눈 끝부분이 연결되도록 틈을 메워준다. 눈매가 둥글어 보여 선한 인상을 줄 수 있다.

완성

Plus Tip ◆ 어디에나 잘 어울리는 세미스모키 아이 메이크업

센 언니 콘셉트의 여자 연예인들이 인기를 끌고 있다. 그녀들은 하나같이 부담스러울 정도로 진한 화장, 과장되게 라인을 크게 그리는 스모키 아이를 고수한다. 하지만 메이크업의 고수가 아니라면 스모키 아이를 멋지게 연출하기가 쉽지 않고 일상생활에서 하고 다닐 일이 그리 많지도 않다. 부담스럽지 않은 스모키 메이크업을 해보고 싶다면, 스모키에서 살짝 힘을 뺀 세미스모키 아이에 도전해보자. 연출하기도 쉽고 어느 자리에서나 두루 잘 어울려 활용도가 높을 것이다.

1 붓펜라이너로 눈 모양을 따라 기본 아이라인을 완성한다. 이때 눈꼬리 부분은 살짝만 일자로 올려 그린다.

2 브라운 컬러 아이섀도를 눈두덩 전체에 발라 베이스를 완성한다.

3 눈의 절반 지점부터 눈꼬리 부분까지 삼각형 모양으로 라인을 잡아 가며 블랙 섀도를 바른다. 아이라이너로 라인을 잡는 것보다 훨씬 자연스러운 눈매 연출이 가능하다.

4 언더라인은 점막을 메워 자연스럽게 그려준다.

5 뷰러로 속눈썹을 바짝 집어 올린 뒤 마스카라를 두세 번 덧발라 볼륨감을 준다.

완성

가장 드라마틱한 효과, 인조 속눈썹 붙이기

◆ 글래머러스한 눈매를 원한다면 통째 붙이기

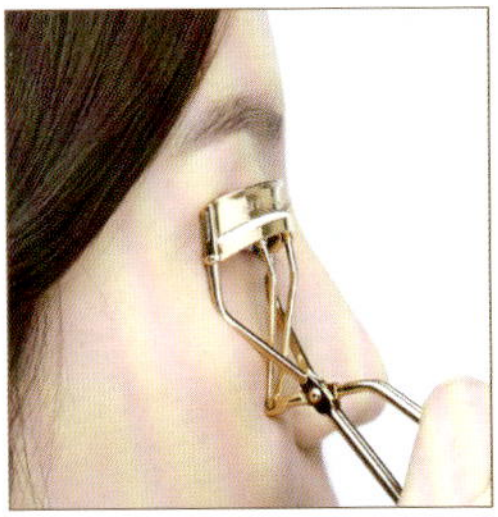

1 뷰러로 속눈썹 뿌리 부분을 한 번 집은 뒤, 45도 각도로 올려서 뺀다.

2 거울을 턱 아래로 두어 시선을 아래로 향하게 하면 속눈썹이 뿌리 끝까지 잘 보여서 빠짐없이 올릴 수 있다.

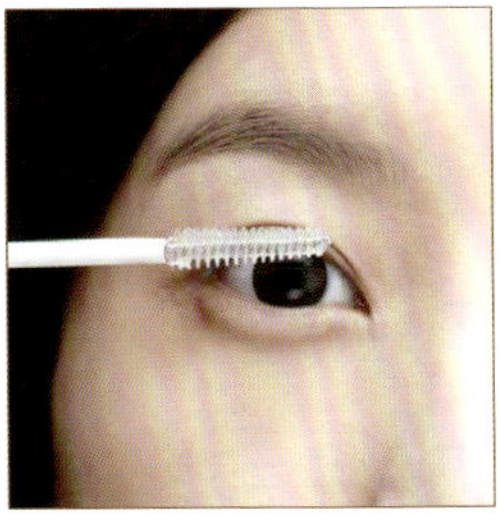

3 투명 마스카라를 발라 컬링을 유지한다.

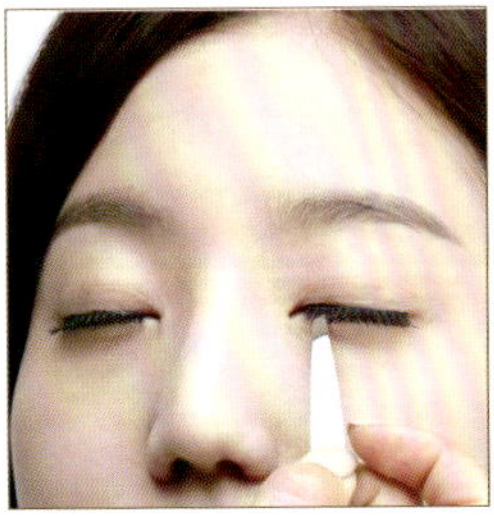

4 인조 속눈썹을 눈 앞머리와 꼬리 부분을 3mm 정도 남기고, 자신의 눈 길이에 맞게 자른 뒤 통으로 붙인다.

완성

◆ 자연스러운 속눈썹을 원한다면 조각조각 잘라서 붙이기

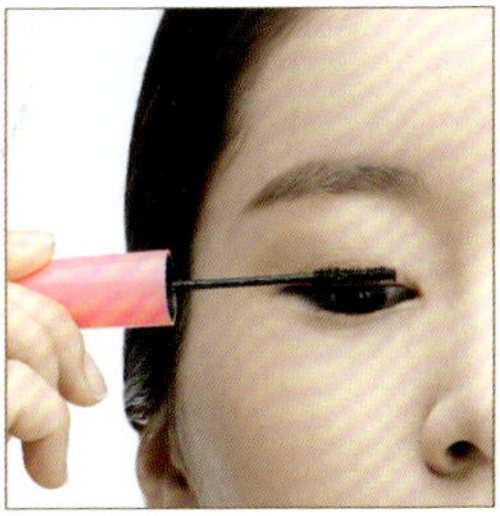

1 뷰러로 속눈썹을 바짝 올리고, 마스카라는 골고루 한 번만 발라준다.

2 인조 속눈썹을 3mm 정도로 잘라 붙인다. 눈의 각도에 따라 조절하며 붙일 수 있어 통으로 붙이는 것보다 자연스러워 보인다. 좀 더 눈을 커 보이게 하고 싶다면 동공 부분에만 인조 속눈썹을 몇 가닥 더 붙인다. 서클렌즈를 낀 것처럼 눈동자가 커 보이는 효과를 줄 수 있다.

완성

Tip

번진 눈매 수정 메이크업

하루에 수천 번 깜빡거리는 눈은 움직임이 많은 만큼 메이크업이 번질 확률도 가장 높은 곳. 아이라인이나 마스카라가 번지는 것을 예방하려면 먼저 눈두덩과 애교살에 파우더를 발라 매트하게 만든 뒤 아이 메이크업을 하는 것이 좋다. 아이 메이크업이 끝난 뒤에 애교살에 파우더를 한 번 더 발라주면 번짐이 덜한 것을 느낄 수 있을 것이다. 오후가 되면 유분기가 올라오면서 번짐이 생기는데, 이때는 리무버 스틱으로 해당 부위를 슥슥 그어주고 면봉으로 깨끗하게 닦아낸다. 닦아낸 부분은 브러시형 컨실러로 피부와 경계가 생기지 않도록 꼼꼼하게 발라준 뒤 애교살에 파우더를 가볍게 발라 마무리한다.

리무버 스틱

HERA
Golden Pink
piccasso
shu uemura
BOBBI BROWN
BOBBI BROWN
Eye Shadow
piccasso

BOBBI BROWN
BOBBI BROWN
BOBBI BROWN
BOBBI BROWN
moisture

3

자연스러운 마무리, 립 메이크업

3

자연스러운 마무리, 립 메이크업

메이크업 제품 중에 가장 많이 가지고 있는 아이템, 아마 립 제품일 것이다. 아이섀도는 한두 개만 가지고 있는 사람도 립 제품은 다양하게 가지고 있는 경우가 많다. 맨 얼굴일 때도 립틴트나 립밤 정도는 바르게 된다. 입술이 창백하면 아파 보이고, 착색되기 쉬운 부위인 만큼 맨 입술에 자신 있는 사람이 드물기 때문이다. 입술은 피부가 연약해 주름이 생기기 쉬우므로 립 제품을 바르거나 클렌징을 할 때 자극을 최소화하는 것이 좋다. 립 메이크업은 아이 메이크업과 밸런스를 맞추어야 어색하지 않은데, 스모키 아이로 눈을 강조했다면 입술은 누드톤으로 힘을 빼고, 짙은 컬러의 립 제품으로 입술을 돋보이게 하고 싶다면 컬러감이 두드러지는 아이섀도는 사용하지 않는 것이 자연스럽다.

COSMETICS & TOOLS

립라이너·립스틱·립글로스·립틴트

립라이너·립스틱·립글로스·립틴트

불과 2~3년 전만 해도 립 제품들은 종류에 따라 용도가 나뉘어져 있었다. 선명한 발색을 원하면 립스틱을, 반짝거리는 입술을 원하면 립글로스를, 맨 얼굴에 살짝 생기를 주고 싶을 때는 립틴트를 사용하는 식이었는데 지금은 어떤 제품을 선택하든 발색부터 글로시함까지 한 번에 해결할 수 있다.

립라이너

립라이너

립 제품의 효과를 좀 더 높이고 싶다면 립라이너를 사용해보기 바란다. 립스틱이 번지지 않게 도와주고, 피부와 입술의 경계선을 만들어주기 때문에 입술이 더 또렷해 보인다. 립스틱과 비슷한 컬러의 립라이너를 사용하면 베이스 역할을 해주어 발색력과 지속력도 높일 수 있다.

립스틱

심리적으로 립스틱은 립틴트나 립글로스에 비해 좀 더 격식을 갖춰 메이크업을 한다는 느낌을 준다. 다른 립 제품이 스트릿 패션이라면 립스틱은 정장을 입는 것과 같다고 할까. 우선 바를 때 좀 더 정교한 기술이 필요하고, 바르고 나서도 지워지지 않았는지 치아에 묻진 않았는지 계속해서 신경을 써야 한다. 입술이 건조한 편이라면 먼저 립밤을 바른 뒤 립스틱을 바르는 것이 좋다.

립글로스

아무리 예쁜 입술이라도 각질이 있거나 갈라진 상태라면 좋은 인상을 주기 어렵다. 립글로스는 촉촉한 입술을 위해 탄생한 제품인 만큼 건조한 입술을 보호해주는 효과가 탁월하고, 코팅한 듯한 반짝거림을 유지할 수 있다. 입술 전체에 바르면 촉촉함을 넘어 지저분해 보일 수 있으니 입술 안쪽에만 살짝 바른다.

립틴트

립틴트는 컬러가 과하지 않고 발랐을 때 번들거리지 않아서 부담 없이 사용할 수 있다. 입술에 색을 물들여 자연스러운 컬러감을 주는 립틴트는 액체 상태의 워터틴트부터 바르자마자 스며드는 제품까지 여러 형태가 있다. 한 번에 많은 양을 사용하기보다는 원하는 컬러가 나올 때까지 소량으로 여러 번 덧바르는 것이 효과적이다.

립스틱

립글로스

립틴트

립브러시

모가 작고 납작하면서 끝이 둥근 브러시를 사용하면 립 제품을 고르게 펴 바를 수 있다. 끝으로 갈수록 뾰족하게 모아지는 브러시는 입꼬리나 입술 안쪽처럼 섬세하게 표현해야 하는 부분에 적합하다.

순수와 섹시 사이,
립스틱 바르기

◆ 바른 듯 안 바른 듯, 핑크 or 피치

핑크는 여성들에게 보편적으로 잘 어울리는 컬러다. 딸기우유가 연상되는 베이비핑크부터 화려한 네온 컬러의 핫핑크까지, 시중에 나와 있는 핑크 컬러를 다 모으면 수십 종에 달한다. 좀 더 차분하고 은은한 느낌을 주는 피치도 인기 컬러다. 평소 메이크업을 잘 안 하고 다녀도 화장대 위에, 혹은 파우치 속에 핑크나 피치 컬러 립 제품이 하나쯤은 있을 것이다. 발색이 진하지 않은 핑크와 피치는 바를 때 신경이 덜 쓰이고 자주 덧발라도 지저분해지거나 화장이 진해 보이지 않기 때문에 초보자도 쉽게 바를 수 있다.

◆ 한 번쯤은 강렬하게, 레드 or 버건디

새하얀 피부의 아름다운 모델이 새빨간 립스틱을 바르고 우아한 표정을 짓고 있는 화장품 광고. 아마 여자라면 누구나 그걸 보면서 따라해 보고 싶다는 생각을 할 것이다. 레드 립은 여자의 로망이라고 생각한다. 최근에는 버건디 컬러 또한 큰 인기를 끌면서 많은 여성들의 선택을 받고 있다. 365일 무난한 핑크, 피치만 고집하기에는 예쁜 컬러의 립스틱이 너무나 많다. 가끔은 기분전환도 할 겸 짙은 컬러의 립스틱을 발라보는 건 어떨까.

◆ 립 제품 다양하게 활용하기

립 제품은 활용도가 높다. 특히 핑크나 피치 계열의 립스틱은 아이섀도와 블러셔로 사용 가능하다. 급하게 메이크업을 해야 하는 경우 손가락으로 콕콕 찍어서 눈두덩과 애플존에 두드려 펴 바르면 효과 만점. 처음부터 겸용으로 사용하도록 '립 앤 치크' 제품이 따로 나오기도 한다. 매트한 립스틱의 경우 사용 후 당김이 느껴질 수 있으니 크리미한 제품일 경우에만 멀티로 사용하는 것이 좋다.

짙은 컬러 립스틱 쉽게 바르기

1 브러시를 세운 상태로 입술 라인을 그리면 립라이너를 사용한 것 같은 효과를 줄 수 있다. 먼저 라인을 완성한 뒤 안쪽을 꼼꼼히 채워서 바른다. 진한 발색을 원한다면 여러 번 덧바르면 된다.

2 립스틱을 바른 후 입술 외곽을 컨실러로 정리하면 입술이 한층 깨끗하고 선명해 보이면서 번짐이 덜하다.

완성

Tip

립 제품 깔끔하게 덧바르기 팁

립 제품은 잘 지워지므로 계속 덧발라 주어야 한다. 하지만 덧바를수록 입가가 지저분해지고 입술이 건조해져 발색도 잘 되지 않는다. 이럴 땐 먼저 피부 메이크업을 수정할 때처럼 물에 적신 라텍스로 입술을 닦아내 각질을 정리하고, 파운데이션을 덧바른 뒤 립스틱을 발라준다. 립스틱을 바르고 나서 입술 전용 탑코트를 사용하면 땀이나 피지로 인한 얼룩이 덜하고 지속력을 높일 수 있다.

입술 전용 탑코드

하루
10분 투자로
매일매일
예뻐지기

1 day
10 minutes

10분 셀프 마스크팩

◆

좋은 피부를 갖고 싶지만 피부관리는 귀찮아서 자꾸만 미루게 된다. 어떨 땐 피부관리가 숙제처럼 여겨지기도 한다. 시중에 간편하게 사용할 수 있는 팩 제품이 다양하게 나와 있지만 결국 집어드는 건 붙였다 떼기만 하면 되는 수분팩 정도이다. 너무나 당연한 말이지만 피부는 신경을 쓸수록 좋아지는 법. 손이 많이 가더라도 가끔은 워시오프 타입의 팩으로 피부 깊숙이 쌓인 노폐물을 제거하자.

마몽드 연꽃 마이크로 머드 마스크

팩의 원조 격인 머드팩으로 모공 속 노폐물과 메이크업 잔여물까지 제거된다. 눈가와 입가를 제외한 얼굴 전체에 고루 펴 바른 뒤 그대로 둔다. 10~15분 후 미지근한 물로 씻어내면 끝. 미세먼지와 황사가 피부 트러블을 유발하기 쉬운 봄철에 특히 유용한 제품으로 피부 당김이 없고 피부가 깨끗해진다.

러쉬 컵케익 프레쉬 마스크팩

넉넉한 양을 덜어서 얼굴 전체에 펴 바르고 10분 정도 그대로 두었다가 미온수로 헹구어낸다. 초콜릿의 달콤한 향이 묻어나오는 마스크로 머드와 코코아 파우더가 만나 모공 속에 쌓인 먼지와 불순물을 제거하고 맑은 피부로 만들어준다.

아베다 인텐시브 하이드레이팅 마스크

젤리 형태의 수분팩으로 바르기가 편하다. 얼굴에 두툼하게 바르고 10분 뒤에 미온수로 헹궈낸다. 수면팩으로 사용해도 무방하므로 씻어내기 귀찮다면 바르고 그냥 자도 된다. 유독 건조함이 느껴진다거나 피곤해서 피부가 푸석푸석해진 날 사용하면 즉각적인 수분 충전 효과를 볼 수 있다. 알로에가 함유되어 있어 햇볕에 타서 피부가 붉어졌거나 따가울 때 사용하면 빠르게 피부가 진정되는 것을 느낄 수 있을 것이다.

10분 핸드&풋 팩

◆

손은 피부과 시술이나 성형 등을 할 수 없는 부위이고 메이크업으로도 숨기기 어려워 나이가 그대로 드러나는 곳이니 평소 관리가 굉장히 중요하다. 우리 몸에서 가장 혹사를 당하는 발도 손 못지않게 관리가 필요한 곳이다. 보이지 않는다고 방치하면 어느새 갈라지고 각질이 일어나 회복하기 어려워진다. 손과 발은 계속 움직여야 하니 낮에는 관리할 수가 없다. 자기 전에 핸드크림, 풋크림, 아로마 오일 등을 바르고 장갑 또는 수면양말을 신고 자면 다음 날 손과 발이 몰라보게 촉촉해진 것을 확인할 수 있다. 젤삭스를 이용하면 좀 더 간편하다. 드럭 스토어에서 흔히 구할 수 있는 젤삭스는 겉은 순면이고 파라핀 젤이 들어 있어 보습 효과가 더욱 뛰어나다.

10분 스팀 타임

◆

내 어머니는 일흔이 넘었는데도 피부 탄력이 좋으신 편이다. 물론 좋은 피부로 타고난 것도 있겠지만 생활 속 작은 지혜로 평생 피부관리를 해오셨던 게 지금 빛을 발하는 게 아닌가 싶다. 스팀을 쐬면 피부에 좋다는 걸 어찌 아셨는지 밥솥을 열 때마다 올라오는 수증기에 얼굴을 묻고 있던 모습을 어릴 때부터 봐왔다. 그땐 나도 구수한 밥 냄새를 맡으며 따라 하곤 했었는데 스팀이 피부에 좋다는 걸 잘 아는 지금은 피부 전용 스팀기를 사용하고 있다. 세안 후 5~10분 정도 스팀을 쐬고 차가운 스킨으로 피부를 닦아낸 뒤 기초 제품을 바르고 메이크업을 하게 되면 한결 화장이 잘 먹는 걸 느낄 수 있을 것이다. 또 스팀의 온기가 모공을 열어주고 혈액순환을 도와 노폐물과 각질 제거에 도움을 준다. 습관처럼 사용하다 보면 모공이 작아지고 피부가 맑아지는 효과를 볼 수 있다.

10분 페이스 요가

◆

잘 웃지 않는 사람은 얼굴 근육이 뭉쳐 있기 쉽다. 또 항상 쓰는 근육만 쓰게 되면 얼굴이 점점 비대칭으로 변할 수 있으므로 안 쓰는 얼굴 근육을 자극하는 페이스 요가를 해주는 것이 좋다. 샤워 후 기초제품을 바르는 동안 간단한 페이스 요가를 시작해보자. 먼저 아에이오우를 반복해 얼굴 스트레칭을 해주고, 수분크림이나 영양크림 등 점도가 있는 크림을 발라 천천히 문지르면서 눈썹뼈와 광대뼈 주위, 팔자주름과 눈 주변 근육을 손끝으로 꾹꾹 눌러준다. 그런 다음 헤어라인부터 관자놀이까지 손끝으로 눌러 마사지를 해주고, 마지막으로 손바닥으로 귀 밑 턱을 꾹꾹 눌러 자극을 준다. 경락의 효과가 있어 페이스라인이 예뻐지고, 손의 열감으로 크림이 잘 흡수돼 피부결 개선에도 효과가 있다.

10분 두피 마사지

◆

두피 마사지는 혈액 순환을 도와주므로 피로 회복에 좋다. 피로감이 덜하면 안색이 맑아지고 피부에도 좋은 영향을 준다. 특히 이마 주름은 노화 때문에 생기기도 하지만 두피 근육이 처져서 생기는 경우도 많다. 평소 두피 마사지만 잘해도 이마 주름을 예방할 수 있다. 마사지 방법은 간단하다. 손끝으로 이마를 머리 쪽으로 밀어주기, 머리카락 당기기, 끝이 둥근 브러시로 두피 두드리기 등 매일 해주면 탈모가 완화되는 효과도 볼 수 있다. 일주일에 한 번 정도 헤어팩으로 두피에 영양분을 공급해주면 더욱 좋다.

4

좋은 인상이 필요한 순간,
메이크업이 반이다

4

좋은 인상이 필요한 순간,
메이크업이 반이다

취업을 앞두고 있다면 증명사진에
대한 고민이 많을 수밖에 없다.
실제로 만나기도 전에 이력서에 붙어
있는 작은 증명사진 하나로 나에
대한 첫 인상이 결정되기 때문이다.
사진에서 이미 좋은 인상을 주었다면
두 번째 관문인 면접을 볼 때도
어느 정도는 유리하지 않을까.
때로는 예쁜 얼굴보다 신뢰감을
주는 좋은 인상이 더 필요할 때가
있는 법. 사진발 잘 받는 포토
메이크업과 면접관을 사로잡는
면접 메이크업으로 취업에 한 발짝
다가서보자.

어색한 포토샵 대신,
포토 메이크업

탐나는 신입사원으로,
면접 메이크업

남자들을 위한
퀵 메이크업

입체적으로 돌출된 서양인의 얼굴에 비해 동양인은 다소 평평한 얼굴을 가지고 있다. 사진을 찍을 때 얼굴이 커 보이고 실물보다 사진이 덜 예쁘게 나오는 이유다. 사진이 잘 나오게 하려면 베이스를 매트하게 발라 얼굴이 번들거리지 않도록 하고, 윤곽을 살려주는 것이 중요하다. 또 눈매를 강조하는 아이 메이크업으로 시선이 가운데로 집중될 수 있도록 한다.

어색한 포토샵 대신,
포토 메이크업

1 — 슈에무라 딥씨 하이드라빌리티 부스터에센스 | 2 — 슈에무라 포어레이저 CC UV언더베이스 핑크 | 3 — 맥 미네랄라이즈 모이스처 파운데이션 | 4 — 에스티로더 더블웨어 브러시온 글로우 | 5 — 메이크업포에버 프로 피니쉬 팩트 | 6 — 슈에무라 하드포뮬라 | 7 — 나스 젤라이너 블랙페인트 블랙밸리 | 8 — 클리오 젤프레소 블랙브릭 | 9 — 나스 듀오 아이섀도 생폴드방스 | 10 — 에스티로더 피어리 사프론 퓨어 컬러 엔비 | 11 — 메이크업포에버 스모키 엑스트라버건트 | 12 — 페리페라 페리스잉크 신의한수 | 13 — 맥 미네랄라이즈 스킨피니쉬 내추럴 파우더 미디엄 다크 | 14 — 맥 로지 아웃룩 프로롱웨어 블러시 | 15 — 바닐라코 더 시크릿 마블링 하이라이터

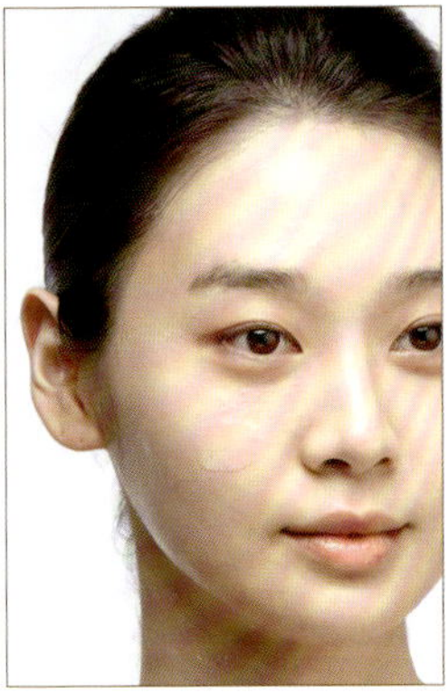

1 수분에센스를 발라 피부 결을 정리한다. 기초 제품을 많이 바를 경우 화장이 밀릴 수 있으므로 올인원 제품 하나만 사용하는 것이 좋다.

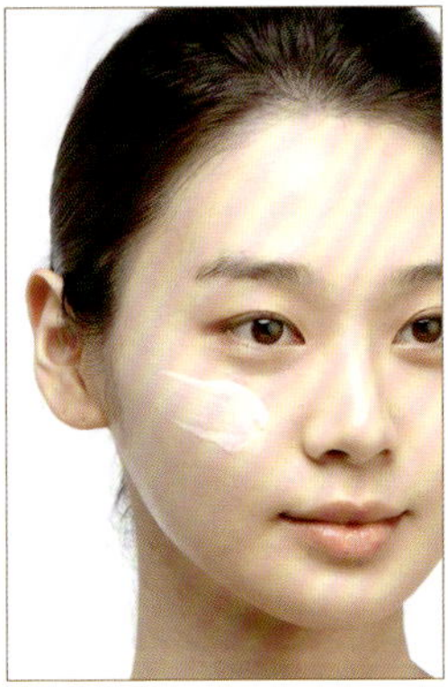

2 프라이머 기능이 있는 모공베이스 제품을 요철이 생기기 쉬운 볼 쪽에 얇게 펴 바른다. 파운데이션의 밀착력을 높이고 메이크업 후 화장이 덜 번들거린다.

3 피부가 번들거리면 카메라로 찍었을 때 부해 보일 수 있으므로 매트하고 커버력이 뛰어난 파운데이션을 선택하여 얼굴 전체에 펴 바른다. 한 톤 밝은 리퀴드 파운데이션을 T존과 눈 밑에 덧바르면 얼굴이 좀 더 작아 보인다.

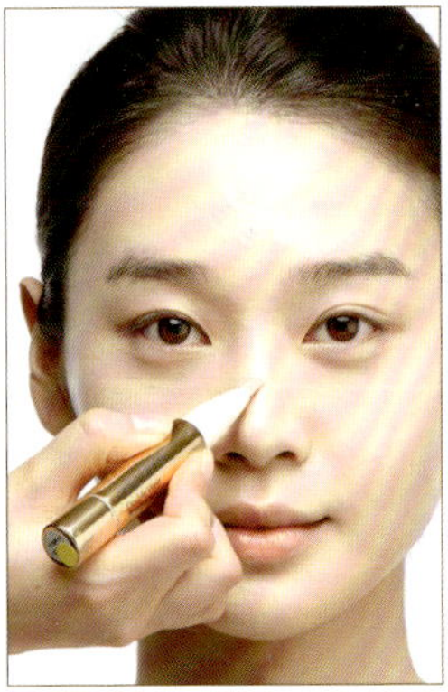

4 T존 부위에 하이라이트를 바르는데, 콧대 중간까지만 발라 자연스럽게 콧대가 높아보이게 한다. 베이스 단계에서 하이라이트를 하고 마무리할 때 한 번 더 하면 얼굴이 더 볼록해 보여 입체감이 산다.

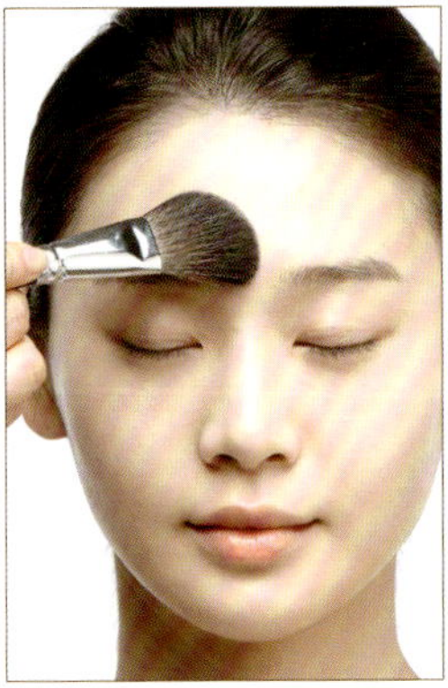

5 얼굴 전체에 파우더를 발라 번들거림을 최소화한다.

6 아이브로 펜슬로 눈썹의 빈 곳을 채우듯이 그린다. 억지로 라인을 잡으면 짝짝이로 그리게 되는 경우가 많은데 사진을 찍었을 때는 티가 많이 나므로 분명한 라인이 생기지 않도록 주의한다.

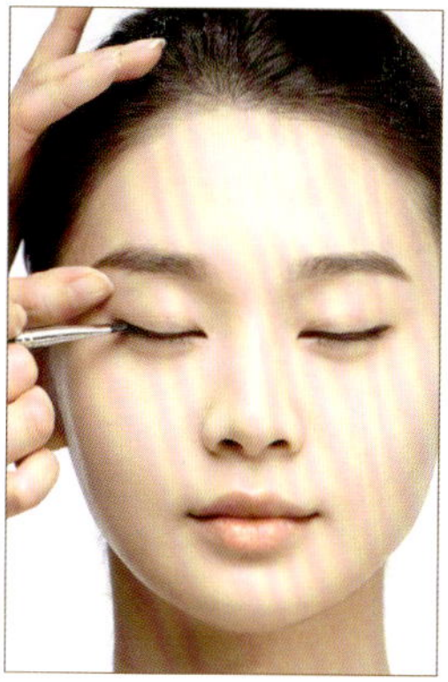

Tip

상백안이나
하백안처럼 흰자가 더
많아 무서운 인상을
주는 눈의 경우 다크
브라운 컬러의 렌즈를
착용하면 눈동자가
커보이면서 부드러운
인상을 줄 수 있다.

7 아이라인은 자기 눈 모양을 따라 그리고 눈꼬리 부분은 그대로 조금만 늘여서 그린다. 라인을 과하게 그려 눈매를 강조하기보다는 젤라이너로 또렷하게 그리는 것이 중요하다.

8 뷰러로 속눈썹을 집어 올린 뒤, 투명 마스카라로 고정시킨다. 그 위에 길이가 너무 길지 않은 인조 속눈썹을 잘라 붙이면 속눈썹이 바짝 올라가 눈이 커 보인다.

9 언더라인은 점막을 꼼꼼히 채우고 눈꼬리 부분은 라인을 길게 빼지 않는다. 위아래 라인의 균형을 맞춰주면 훨씬 깊은 눈매로 만들 수 있다.

10 아이홀 전체에 아이섀도를 바른다. 색감을 주는 것이 아니라 눈이 부어 보이지 않게 하기 위한 것이므로 유행에 민감한 컬러보다는 펄이 없는 연브라운 컬러를 선택한다.

11 언더라인에도 같은 컬러의 아이섀도를 애교살에 바른다.

12 뷰러로 속눈썹을 한 번 더 집어 올린 뒤 블랙 마스카라를 발라준다.

13 립틴트로 입술 전체에 자연스러운 색감을 준 뒤 투명글로스로 촉촉하게 마무리한다.

14 귀밑머리부터 헤어라인, 턱선, 턱 밑 등 페이스 라인을 따라 셰이딩을 한다.

14-1

14-2

14-3

15 애플존에 블러셔를 해 볼륨감과 화사함을 더한다.

16 T존과 눈 밑에 하이라이트로 좀 더 입체감을 준다.

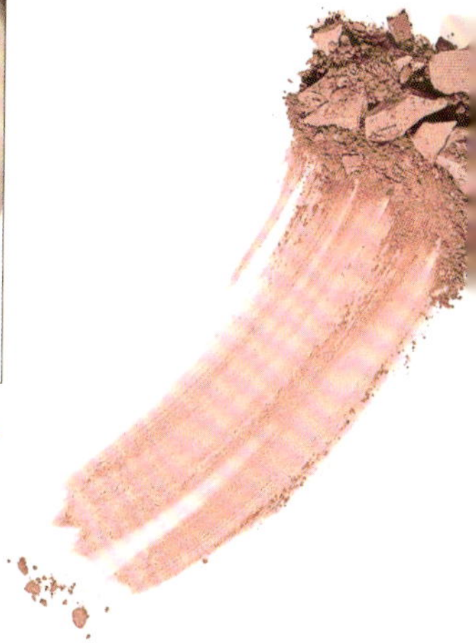

사진 잘 나오는 포즈

셀카가 생활화되어 있다 보니 사진을 찍을 때 얼굴이 작아 보이게 하려고 고개를 살짝 숙이고 위를 쳐다보는 경우가 많다. 하지만 동양인은 대부분 눈두덩에 살이 많아 쌍꺼풀이 얇고 눈이 부어 보이므로 턱을 아래로 당기면 눈을 떴을 때 쌍꺼풀이 안 보이고 노려보는 것처럼 보인다. 증명사진을 찍을 때만큼은 고개를 정면으로 향하게 해야 쌍꺼풀이 커 보이고 눈도 선해 보인다는 점, 명심하자.

사진 잘 받는 옷 컬러

흰 블라우스는 반사판을 댄 듯한 효과가 있어 얼굴이 작아 보인다. 검정이나 회색 셔츠는 얼굴에만 시선을 집중시키는 효과가 있고, 파스텔톤 의상은 인상을 부드러워 보이게 한다.

탐나는
신입사원으로,
면접 메이크업

면접을 볼 때는
정갈하고 또렷한
인상을 주는 것이
중요하므로 짝짝이
눈이나 짝짝이 눈썹의
교정, 그리고 입을
다물고 있을 때에도
미소를 머금은 듯한
입술 모양을 연출하는
데 중점을 둔다.

3

4

1

7

8

6

5

2

10

11

9

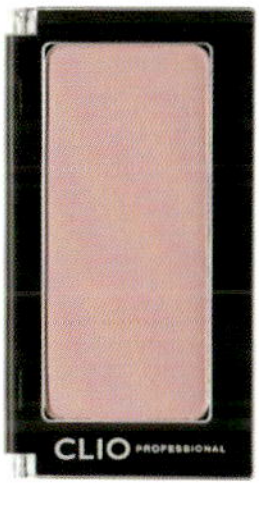

1 — 토니모리 백젤 아이라이너 블랙 | 2 — 페리페라 홀리 딥 마스카라 | 3 — 슈에무라 펜슬 아이라이너 M 다크브라운 83 | 4 — 클리오 프로 싱글 섀도 M43 우드 | 5 — 맥 미네랄라이즈 립스틱 스윗앤스마트 | 6 — 바비브라운 립밤 | 7 — 나스 프레스드파우더 에덴 | 8 — 로트리 로사다브레카 치크 | 9 — 클리오 프로 싱글 페이스 03 노 블렌딩 | 10 — 맥 미네랄라이즈 스킨피니시 라이츠카페이드 | 11 — 에스티로더 더블웨어 파운데이션

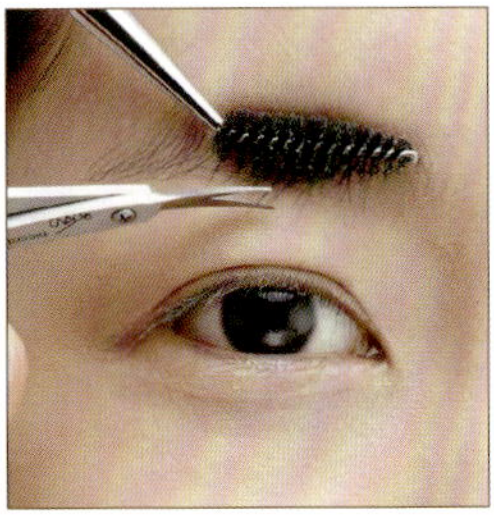

1 얼굴이 번들거리지 않도록 피부 메이크업을 매트하게 한다. 눈썹은 좌우가 대칭이 되도록 깨끗하게 손질한다.

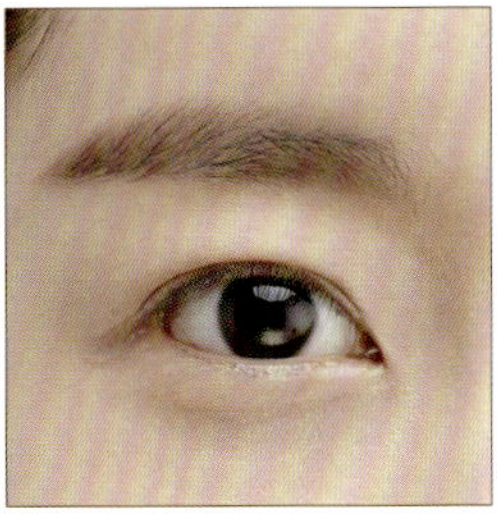

2 눈썹은 일자갈매기 모양으로 도톰하게 그린다.

3 블랙 젤라이너로 가운데 동공 부분 먼저 점막을 채우듯 아이라인을 그리고, 앞뒤로 연결하여 앞머리와 눈꼬리까지 완성한다. 라인은 얇고 너무 길지 않게, 눈꼬리는 아래를 향하도록 내려 그린다. 동그란 눈매를 연출해줘서 웃는 인상으로 보이게 한다.

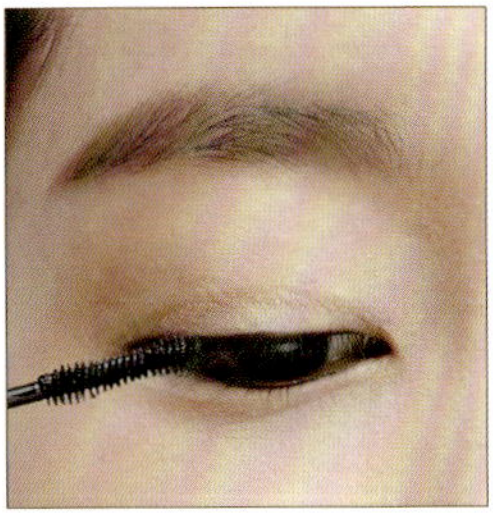

4 뷰러로 속눈썹을 바짝 올리고, 마스카라는 골고루 한 번만 발라준다.

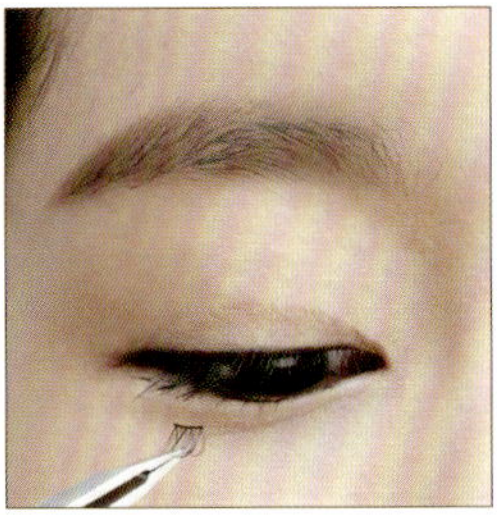

5 인조 속눈썹을 3mm 정도로 잘라 동공 부분에만 붙인다. 또렷한 눈매를 위해 붙이는 것이므로 너무 길거나 숱이 많은 것보다는 최대한 자연스러운 모양의 속눈썹을 사용한다. 짝짝이 눈일 경우 더 작은 눈에 마스카라를 한 번 더 바르고, 속눈썹도 1~2피스 더 많이 붙인다.

6 언더라인은 브라운 펜슬라이너로 점막을 채워 그린다. 브라운 컬러는 번졌을 때 섀도처럼 보이는 효과가 있으므로 블랙 컬러보다는 브라운 계열을 선택하도록 한다.

7 브라운 아이섀도를 쌍꺼풀 라인과 애교살 부분에만 펴 바른다. 아이섀도는 펄이 없는 것으로 단정하게, 컬러는 한 가지만 사용하여 시선을 분산시키지 않도록 한다.

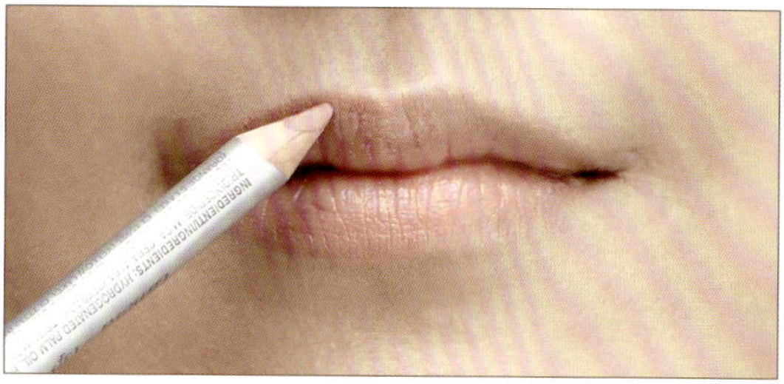

8 립라이너로 입술 모양을 따라 그린다. 입술 양 끝부분이 살짝 올라가게 라인을 그리면 웃는 입매를 만들어줘서 입을 다물고 있을 때에도 좋은 인상을 줄 수 있다.

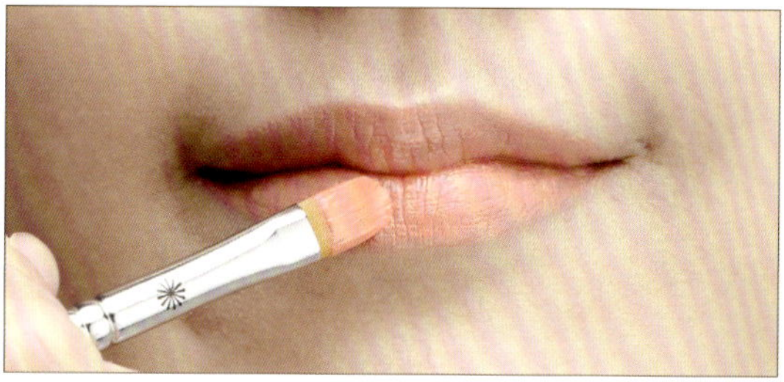

9 립밤을 발라 입술을 촉촉하게 만든 뒤, 코랄 핑크 컬러의 립스틱을 브러시에 묻혀 입술 안쪽부터 바깥쪽까지 발라준다.

10 브론즈 컬러의 파우더를 브러시에 덜어 관자놀이부터 사선 아래로 쓸어준다.

11

핑크색 블러셔를 둥글게, 광대 안쪽에서 바깥쪽으로 쓸어준다.

12

T존 부위와 눈 밑에 하이라이트를 두세 번 쓸어주어 마무리한다.

면접을 앞둔 아나운서 준비생들이 궁금해하는 이미지 메이킹 노하우

면접 의상 고르기

원피스

아나운서 시험을 볼 때나 실제 방송에서 많이 선호하는 스타일로 딱딱한 정장 대신 발랄하고 여성스러우면서 때론 섹시한 느낌까지 줄 수 있는 아이템이다. 면접을 앞둔 아나운서 준비생들에게 많이 권하는데, 재킷을 입지 않고 원피스만 입으면 좀 예의 없어 보이지 않냐고 많이 묻는다. 하지만 너무 화려하거나 달라붙어서 몸매가 드러나는 원피스가 아니라면 오히려 정형화된 재킷보다 더 눈에 띄고 예뻐 보인다.

블라우스+스커트

대학 재학생이나 나이가 어린 친구에게 많이 권해주는 스타일로 캐주얼하면서도 깨끗한 느낌을 줄 수 있다. 20대 초반의 아나운서 준비생들에게 흰 블라우스와 검정 스커트처럼 정형화된 의상을 입히면 나이 들어 보이고 딱딱한 분위기를 풍기므로 부드러운 소재의 블라우스 혹은 컬러감이 있는 블라우스로 포인트를 주는 것이 좋다.

⊙ 피해야 할 컬러

카메라 테스트 시 피해야 할 컬러는 파란색과 초록색이다. 카메라 테스트를 할 때 크로마키의 대부분이 파란색 또는 초록색이기 때문에 잘못 입었다가는 몸이 안 보이게 될 수도 있다. 제일 잘 어울리는 컬러가 블루톤이라면 진한 네이비톤의 의상을 입는 것이 좋다.

원피스+자켓

가장 기본적인 스타일이다. 재킷에 포인트를 주고 원피스를 무난하게 입는 스타일과 원피스를 파스텔톤으로 입고 재킷을 베이지나 크림, 블랙 또는 화이트 컬러로 입는 두 가지 스타일이 있다. 밝은 컬러의 재킷은 환한 인상을 줄 수 있지만 너무 화려하거나 튀는 디자인을 선택할 경우 면접관들의 시선이 분산될 수 있으니 원색에 가까운 옷은 피하는 것이 좋다.

블라우스+바지

봄이나 가을 면접 때 입으면 산뜻해 보일 수 있으며 재킷을 입었을 때보다 슬림한 핏으로 좀 더 날씬해 보이고 캐주얼한 느낌이 든다.

자켓+바지

자켓과 바지는 크게 선호하는 스타일이 아니므로 너무 과감한 디자인이나 튀는 컬러보다는 단정한 느낌의 기본 디자인을 선택하는 것이 좋다. 밋밋한 스커트 정장을 식상하다고 느끼는 사람에게 추천하는 스타일로, 재킷과 바지를 같은 색으로 통일할 경우 다리가 길어 보이고 매니시한 느낌을 줄 수 있어 세련되어 보인다.

⊙ 합격률을 높이는 의상

아나운서 하면 가장 먼저 신뢰감이라는 단어가 떠오른다. 신뢰감을 높여주는 의상은 단정하면서도 깔끔해야 한다. 대부분 기본 정장 스타일을 많이 입는데, 오랜 시간 아나운서 준비생들의 면접 준비를 함께한 나의 경험에 비춰 보면 그 사람이 가장 예뻐 보일 수 있는 옷을 준비해주었을 때 면접관의 시선을 사로잡아 한 번 더 말을 걸고 싶게 만들었던 것 같다. 자신이 가장 예뻐 보일 수 있는 옷을 고르는 데에는 시간과 노력이 필요하다. 어울리는 컬러, 명도와 채도, 네크라인 모양, 입었을 때의 핏감 등 고려해야 할 부분이 많으므로 사전에 여러 종류의 옷을 입어 보면서 연구해야 한다. 이때 거울 앞에서만 보는 것이 아니라 사진과 동영상 촬영 등을 통해 화면에 비친 모습을 살펴보아야 한다. 바로 앞에서 보는 것과 화면이나 사진으로 볼 때의 느낌이 다르기 때문이다. 헤어 메이크업을 하고 입었을 때와 안 하고 입었을 때의 느낌 또한 확연히 다르다. 그래서 다양하게 입어보고 사진이나 영상으로 나온 결과물을 보면서 스스로 분석하고 연구하는 과정이 필요하다.

통통한 사람들은 몸매를 드러내지 않으려고 옷을 약간 크게 입는 경우가 있는데, 오히려 몸에 피트되게 입는 것이 더 날씬해 보인다. 마른 사람도 헐렁하게 입으면 더 왜소해 보이므로 제 사이즈에 맞게 입는 것이 좋다.

평소 자신에게 최적화된 의상 스타일을 체크해두면 졸업사진, 면접, 결혼식, 중요한 모임 등 격식을 갖춰 입어야 할 때 고민 없이 선택할 수 있을 것이다.

의상 구입처

의상대여점

첫 면접을 앞둔 친구들은 자신의 스타일을 잘 모르는 경우가 많다. 그럴 때는 의상대여점을 찾아 다양한 컬러와 디자인의 옷을 입어보면서 자신이 가장 잘 소화할 수 있는 옷에 대해 연구해보는 것이 도움이 된다. 또 프로필 촬영을 할 때는 여러 벌의 의상이 필요한데 전부 구입하려면 가격이 만만치 않기 때문에 대여를 해서 비용 부담을 줄일 수 있다.

백화점

몇 년 전까지만 해도 맞춤 정장이 유행이었는데 요즘은 마음에 드는 기성복을 골라서 자기 몸에 맞게 수선해 입는 경우가 많다. 괜찮은 정장이 한 벌만 있어도 두루 잘 활용할 수 있으므로 구입 전에 많이 입어보고, 카메라로 여러 각도를 찍어보면서 신중하게 고르는 것이 좋다.

아웃렛

가장 많이 추천해주는 곳. 발품을 많이 팔아야 하지만 그만큼 괜찮은 옷을 구할 확률이 높다. 의상 구입을 어디서 하든 무조건 많이 입어보라고 말하는데, 그래야 내 몸 어디가 예쁜지, 어디를 감춰야 하는지, 내 얼굴에 어떤 컬러와 디자인이 어울리는지를 알 수 있기 때문이다. 또 많이 입어볼수록 옷에 대한 안목도 생기고, 다이어트를 해서 더 예쁜 옷을 입어야겠다는 각오도 하게 된다. 특히 여름을 마감하는 아웃렛 세일 기간 중에는 과소비를 권한다. 예쁜 컬러와 얇은 소재의 옷들이 봄이나 여름에 많이 나오기 때문이다. 가을, 겨울에는 소재도 두껍고 어두운 컬러의 옷들이 대부분이라 원하는 옷을 사려고 해도 없어서 못

Tip

⊙ 의상만큼 중요한 헤어스타일

면접을 볼 때 헤어와 의상의 조화는 매우 중요하다. 헤어가 단독으로 튀어도 안 되고 의상이 단독으로 튀어도 안 된다. 면접관의 시선이 얼굴을 주시할 수 있도록 부드럽고 여성스러운 헤어가 필요하다.
헤어 컬러가 밝아지면 부드러워 보이고 훨씬 세련된 느낌이 든다. 이목구비가 크고 또렷한 사람일수록 헤어 컬러가 어두우면 고집스럽고 딱딱해 보이므로 밝게 염색하는 것이 좋다. 현직 아나운서들 중에 늘 밝은 컬러만 유지하다 보니 본인이 지겨워서 블랙으로 염색했다가 너무 무거워 보이고 강해보여서 다시 밝게 염색하는 경우를 많이 보았다. 헤어 컬러를 밝게 염색하는 경우 눈썹도 같은 컬러로 염색해주는 것이 조화롭다.
톰보이 느낌의 숏커트는 좋게 말하면 카리스마가 느껴진다고 할 수 있지만 너무 세 보여서 사람들과 잘 어우러질 수 있을까 하는 의구심이 들게 한다. 아무래도 부드럽고 인상 좋은 사람이 다른 사람들과도 큰 문제없이 잘 어우러져 일할 것 같아 면접에 뽑힐 확률이 크다.
층이 없는 무거운 일자 단발은 헤어스타일에만 시선이 갈 수 있고, 얼굴이 커 보일 뿐더러 목도 짧아 보이므로 피해야 한다.
단발이라면 가볍게 레이어드된 스타일을, 긴 머리라면 살짝 웨이브를 주거나 깨끗하게 뒤로 묶어 단정한 느낌을 주는 것이 좋다.

사는 경우가 많다. 봄, 여름 시즌 의상들은 소재가 얇아서 날씬해 보이고 산뜻한 컬러감으로 좀 더 예뻐 보이는 효과가 있다. 그래서 한겨울에도 봄, 여름 옷을 입고 그 위에 코트나 패딩을 입고 가라고 권한다.
트렌드에 맞춰 의상을 구입하는 것보다 베이직한 아이템을 여러 벌 가지고 있는 것이 훨씬 유리하다. 백화점에서 한 벌 살 금액으로 여러 벌을 살 수 있는 아웃렛에서는 가격 부담도 적어서 좋다.

◆ 다리가 길어 보이는 구두

구두는 아무 장식이 없는 디자인에 다리가 길어 보이는 베이지와 브라운 컬러, 핑크톤이 살짝 도는 스킨 컬러를 추천한다. 자연스럽게 다리와 연결된 느낌이 있어 다리가 길어 보이면서 슬림해 보이는 효과가 있다. 정숙한 느낌을 주려고 블랙 컬러의 구두를 많이 신는데, 블랙 의상이 아닌 경우 오히려 구두만 동떨어져 보일 수 있으니 의상 컬러에 따라 구두 선택에도 유의해야 한다.
앞코가 너무 뾰족하거나 가보시가 많이 들어간 높은 굽은 스스로를 불편하게 만들고 면접관으로 하여금 불안정한 느낌을 줄 수 있고, 앞코가 너무 둥글면 투박해 보인다. 7~8cm의 적당한 높이에 굽 모양이 너무 두껍거나 얇지 않은 기본 스타일이 무난하다.

◆ 튀지 않고 은은한 액세서리

면접 시 모든 코디의 기본은 면접관의 시선을 분산시키거나 예쁜 얼굴에 집중할 수 없게 만드는 요소들은 배제하는 것이다. 목걸이, 귀걸이, 반지, 시계, 팔찌 등 평소에는 액세서리를 챙기는 타입이더라도 면접 때만큼은 의상과 헤어, 메이크업에만 집중하는 것이 좋다.
귀를 뚫은 상태인데 구멍이 나 있는 상태로 그냥 두는 것도 보기에 좋지 않다. 이럴 때는 귀에 착 붙는 작은 큐빅 또는 진주 귀걸이 정도가 적당하다. 다른 액세서리도 마찬가지로 의상보다 튀지 않는 선에서 심플한 디자인을 선택한다면 여성스러움을 배가시킬 수 있을 것이다.

남자들을 위한 퀵 메이크업

화장하는 남자가 점점 늘고 있다. 여자친구가 시키지 않아도 외출할 때 선크림 정도는 알아서 챙겨 바르고, 특별한 날이 아니어도 비비크림을 바르고 눈썹 정도는 매일 그리고 다닌다. 한창 멋을 부리고 다니는 어린 학생들에게 국한된 이야기가 아니다. 3,40대 남자 화장품 광고가 눈에 띄게 많아졌고, 남자들도 책상 한구석이 아닌 자기만의 화장대를 갖기 시작했다. 모공이 넓고 잦은 면도로 거친 피부를 갖기 쉬운 남자들은 파운데이션만 발라도 엄청난 차이를 느낄 수 있다. 먼저 눈썹 손질부터 시작해보자.

◆ 셀프 눈썹 손질

이목구비가 크고 잘생겨도 눈썹이 반듯하지 않으면 아쉬운 인상을 남기게 된다. 눈썹 숱이 적거나 너무 얇으면 여성스러워 보이고, 너무 두꺼우면 답답해 보이므로 눈썹을 다듬는 단계에서부터 자연스럽고 적정한 라인을 만들어 주는 것이 중요하다. 눈썹색이 너무 진하면 브라운 컬러로 눈썹 염색을 하는 것도 자연스럽게 보일 수 있는 좋은 방법이다.

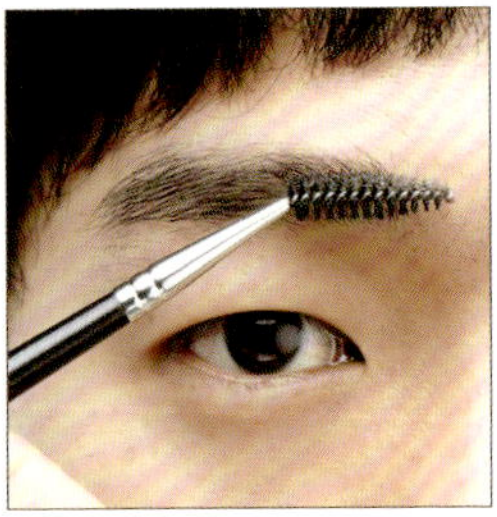

1 스크루브러시로 눈썹이 난 결대로 빗어준다.

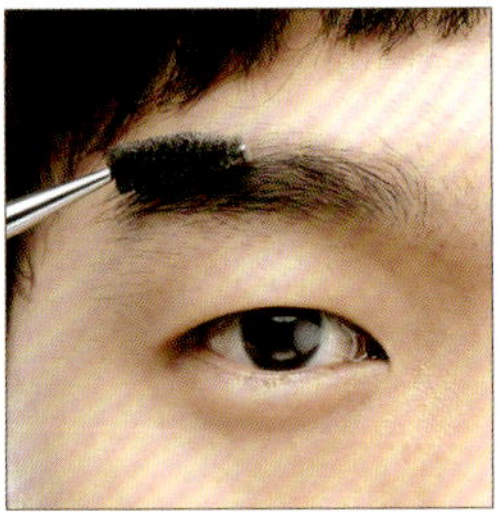

2 앞부분은 위쪽으로, 중간 부분은 살짝만 위로, 끝부분은 일자로 빗는다.

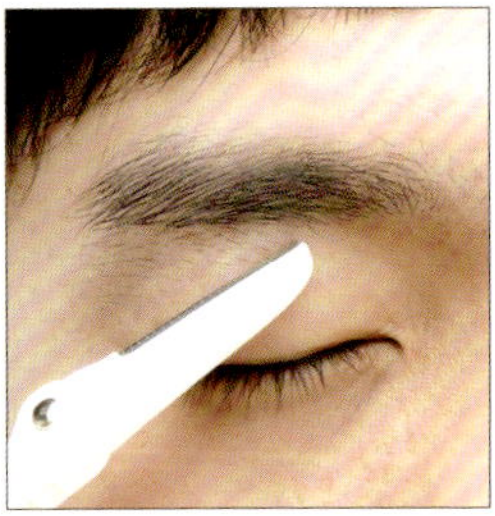

3 눈썹칼로 길게 자란 눈썹모를 밀어준다.

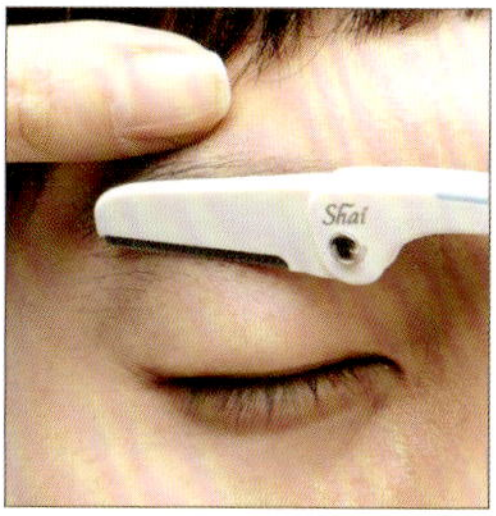

4 눈썹이 난 방향으로 면도를 하는 것이 보통이지만 모가 두꺼워 잘 안 밀릴 경우 손가락으로 눈썹 위쪽을 잡은 상태에서 위에서 아래로 밀어주면 된다.

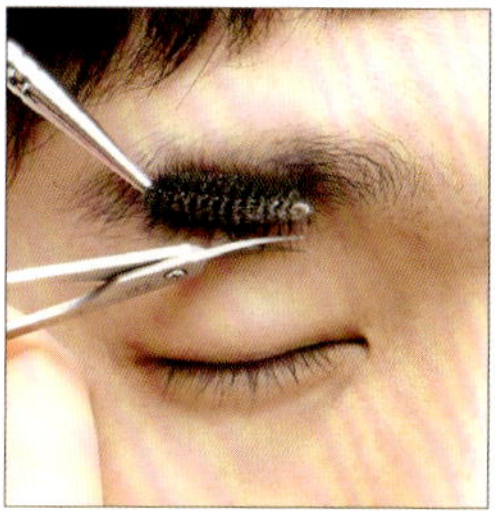

5 스크루브러시로 눈썹을 살짝 눌러 삐져나온 모들을 가위로 잘라준다.

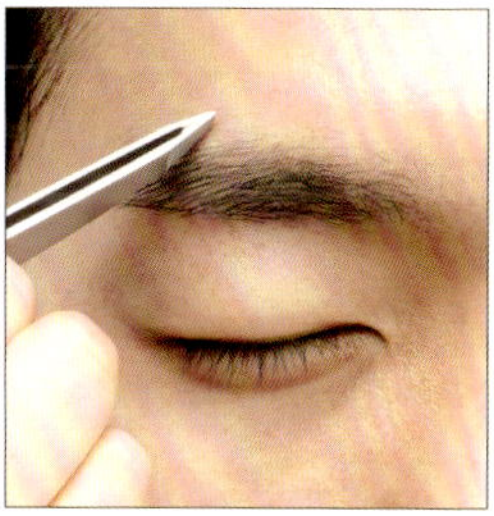

6 깨끗하게 면도되지 않는 모들은 트위저로 뽑는다. 눈썹 위쪽은 칼로 밀지 않고 유난히 두꺼운 모만 트위저로 뽑아 제거한다.

1 — 아베다 보태니컬 키네틱스 크림 | 2 — 슈에무라 라이트벌브플루이드파운데이션 | 3 — 맥 스튜디오 스컬프 파운데이션 | 4 — 헤라 페이스디자이닝 하이라이터 | 5 — VDL 뷰티메탈쿠션파운데이션 | 6 — 바비브라운 쉬어피니시 루스 파우더 페일옐로우 | 7 — 에뛰드 마스카라 픽서 | 8 — 클리오 젤프레소 블랙브릭 | 9 — 토니모리 크리스탈 블러셔 슈가브라운 | 10 — 로트리 포디 쉬머 팩트 | 11 — 로트리 매직 립틴트스틱 핑크

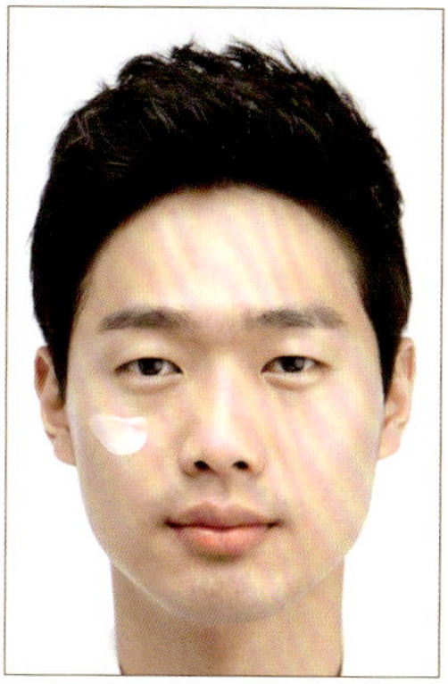

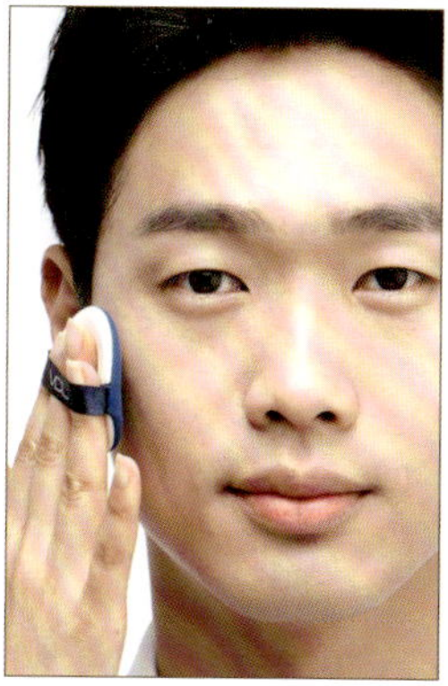

1 평상시 화장을 한 번도 안 해본 피부라면 화장이 들뜰 수 있으므로 수분 함량이 높은 크림을 발라 매끈하고 촉촉한 피부로 만들어 준다.

2 피부색과 같은 톤의 파운데이션을 얼굴 전체에 얇게 펴 바른 뒤, 자기 피부보다 한 톤 어두운 파운데이션으로 얼굴 윤곽 라인을 따라 한 번 더 발라준다. 파운데이션의 경우 여러 컬러가 나오기 때문에 자기 피부색에 잘 맞는 컬러를 고르는 것이 중요하다.

2-1 브러시나 손으로 파운데이션을 바르는 게 어렵다면 피부에 얇게 밀착되고 밀리지 않는 쿠션 파운데이션을 사용한다.

Tip

자기 피부와 비슷한 톤의 쿠션 파운데이션을 얼굴 전체에 톡톡 두드려 바른 뒤, 한 톤 밝은 컬러의 쿠션 파운데이션으로 T존과 애플존에만 한 번 더 발라주면 얼굴이 좀 더 입체적으로 보인다. 쿠션 파운데이션은 컬러가 많지 않아 밝은 톤을 선택하게 되는 경우가 많다. 눈으로 볼 때와 실제 사용했을 때 컬러감이 다를 수 있으니 반드시 얼굴에 발라보고 선택할 것.

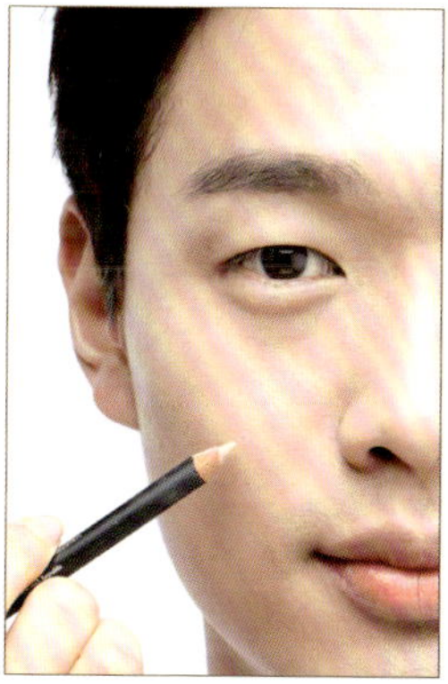

3 눈에 띄는 점이나 잡티는 펜슬 컨실러로 커버하고 손이나 스펀지로 톡톡 두드려 경계지지 않도록 한다.

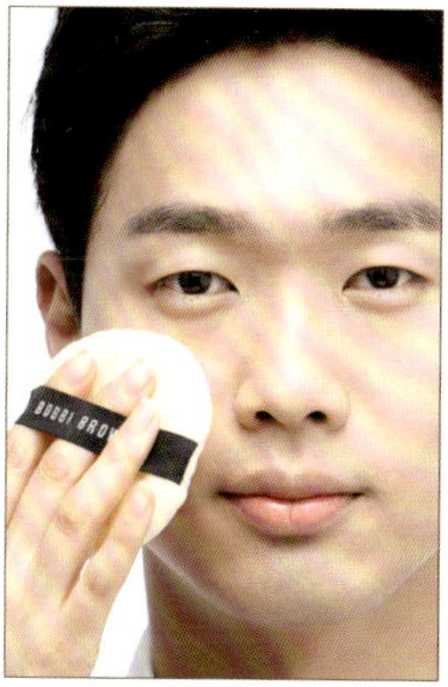

4 남성은 메이크업 후 피지 분비가 왕성하므로 꼭 파운데이션을 바른 뒤 파우더를 발라 유분기를 제거한다.

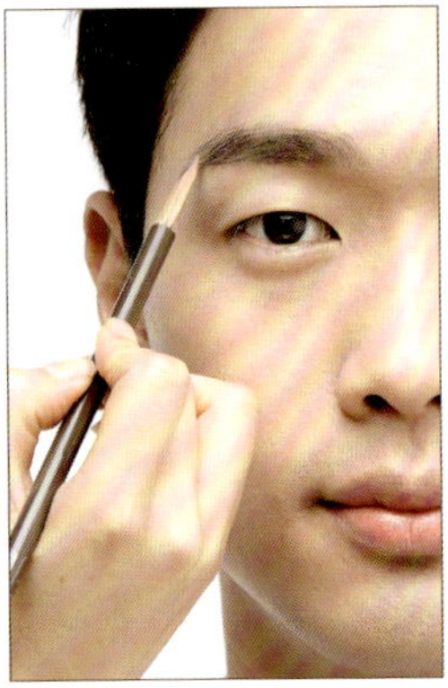

5 아이브로 펜슬로 눈썹 끝에서부터 앞부분으로, 비어 있는 곳을 채우듯이 그려준다. 여성과 달리 인위적으로 모양을 만들 경우 어색해보일 수 있으므로 최대한 자기 눈썹 모양을 살리는 것이 중요하다.

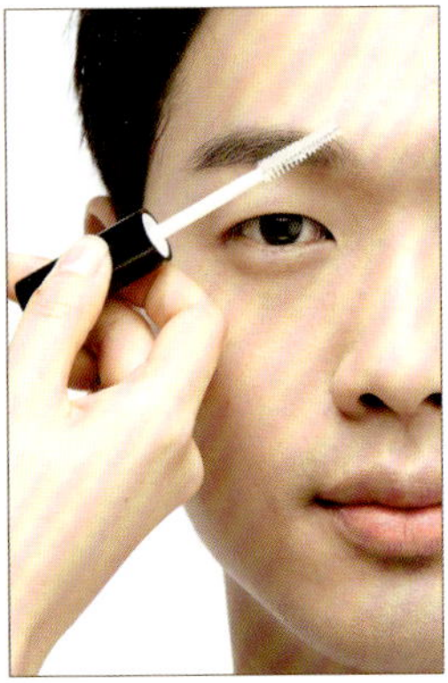

6 투명 마스카라를 눈썹에 덧발라 눈썹 모양을 고정시킨다.

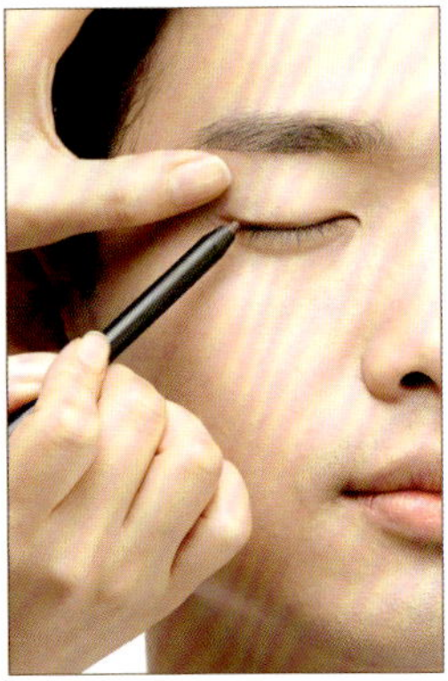

7 브라운 젤펜슬라이너로 눈꼬리쪽에만 라인을 그려 눈매가 또렷해 보이게 한다. 블랙 컬러보다는 브라운 컬러를 사용하는 것이 티가 덜 나고 자연스럽다.

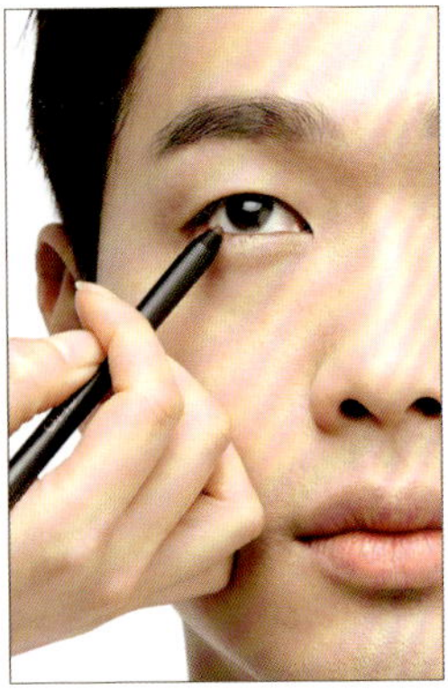

8 같은 라이너로 언더라인에 점막을 채워 그리면 눈이 더 커 보인다.

9 연브라운 컬러의 아이섀도를 아이홀에만 얇게 펴 바른다. 섬세하게 컬러감을 주기보다는 눈이 부어 보이지 않게 하는 목적이므로 조금 큰 브러시를 사용한다.

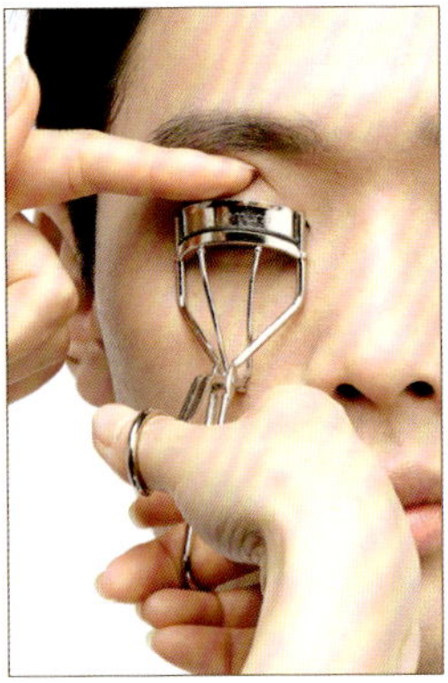

10 속눈썹이 심하게 처진 편이라면 뷰러로 속눈썹 끝만 살짝 집어 올린다. 뷰러에 너무 힘을 주지 않도록 힘 조절에 유의한다.

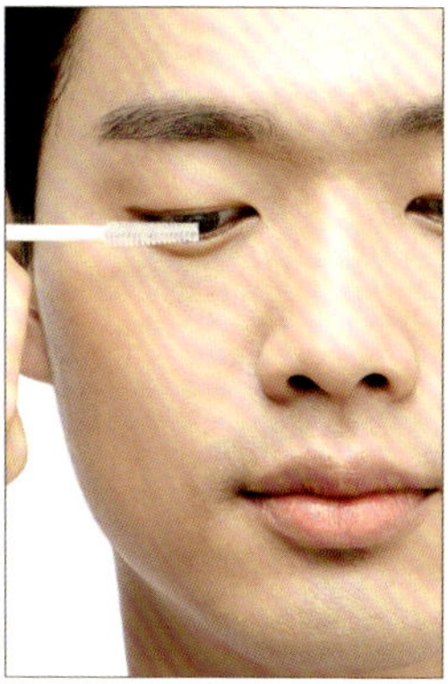

11 투명 마스카라를 발라 고정시킨다.

Tip

사진을 찍을 때나 면접을 볼 때 등 눈매가 또렷해 보여야 하는 경우가 아니라면 아이 메이크업은 생략해도 좋다.

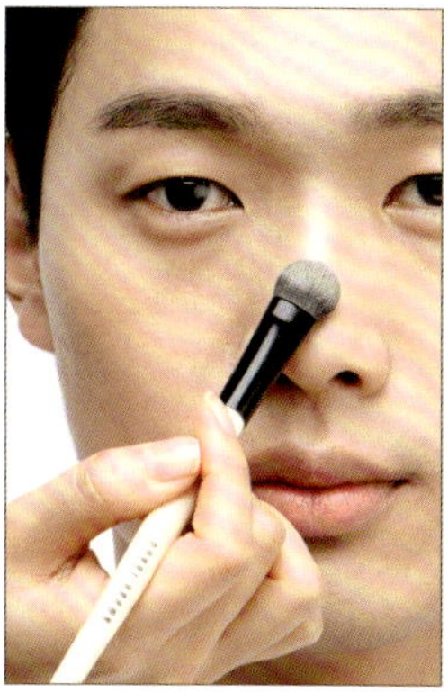

12 콧대에 하이라이트를 발라 콧대가 높아보이게 한다. 코가 반듯해 보이면서 얼굴도 작아 보인다.

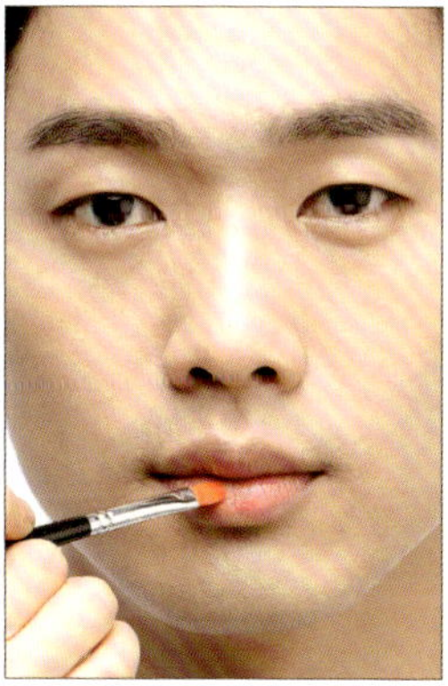

13 투명 립밤을 발라 각질을 정리한 다음, 발색력이 약한 립틴트밤을 발라준다. 파운데이션을 바른 상태이기 때문에 투명 립밤만 바를 경우 창백해 보일 수 있으므로 꼭 입술에는 컬러감이 있는 립틴트밤을 한 번 더 발라준다.

14 광대 앞쪽-귀 밑 머리-옆 턱선-턱 밑-귀 뒤쪽-귀-헤어라인-콧대 옆쪽 순으로 셰이딩을 해준다.

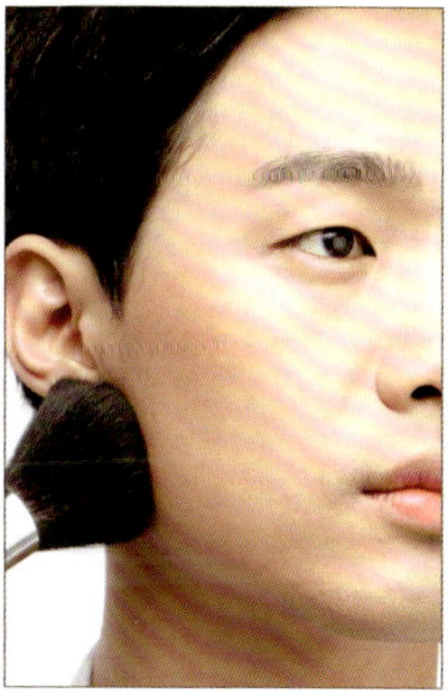

14-1 얼굴 바깥 라인을 모두 해주어야 자연스럽게 얼굴이 작아 보인다. 얼굴이 평면적이라면 광대 아래쪽을, 광대가 튀어 나온 편이라면 위쪽에 해주는 것이 좋다.

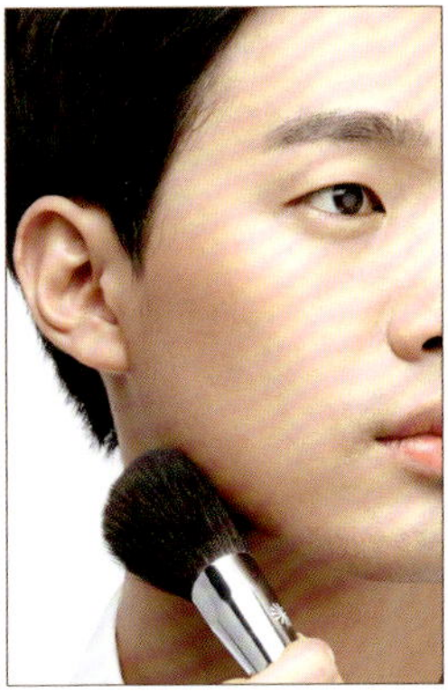

14-2

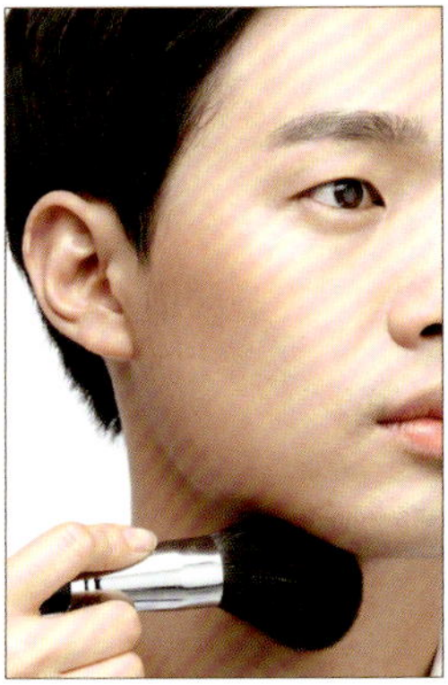

14-3

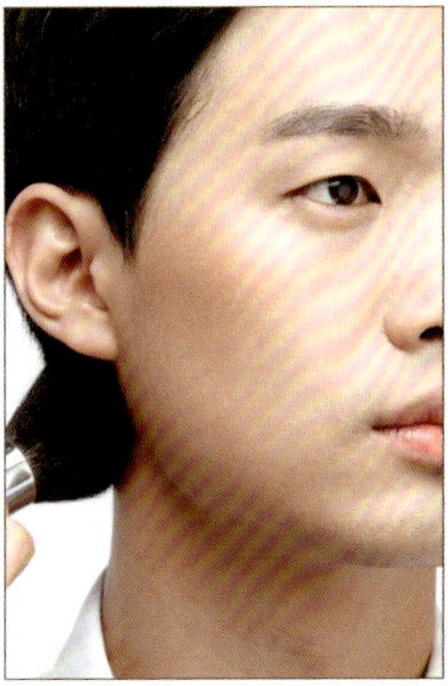

14-4

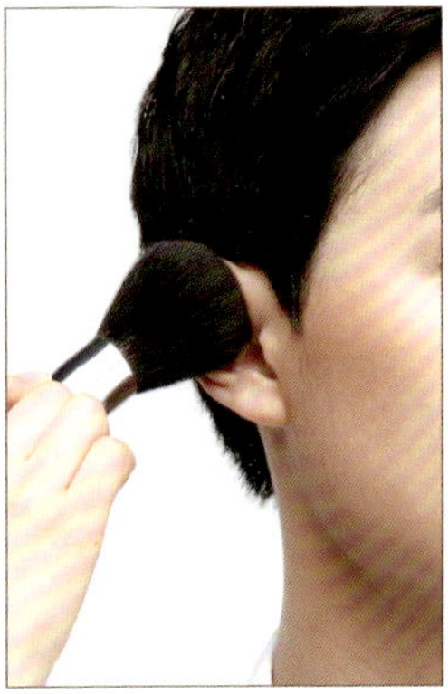

14-5

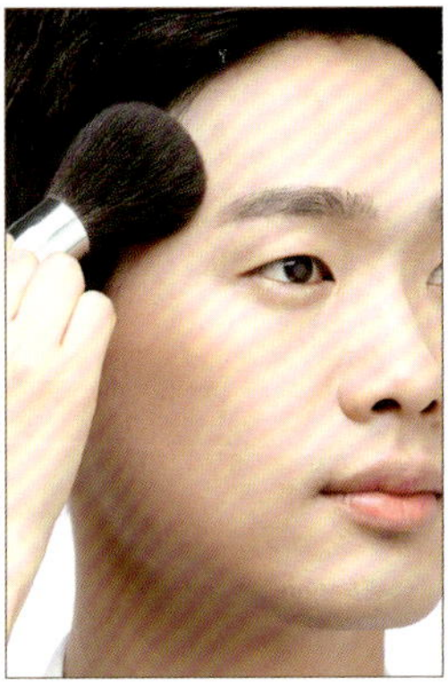

14-6

14-7

CARMEX
healing
NARS

CR 221 LE CRAYON
peripera
PANG
shu uemura
shu uemura

화장품 재활용 팁

cosmetics recycling tip

립스틱

사놓고 잘 안 쓰게 되는 립스틱이나 부러진 립스틱은 녹여서 다른 제품과 섞어 사용할 수 있다. 녹인 립스틱에 파운데이션을 살짝 섞으면 크림 블러셔나 팟루즈로, 바세린이나 에센스와 섞으면 컬러 립밤으로 활용 가능하다.

파우더

파우더에 자외선 차단제를 섞으면 비비크림처럼 쓸 수 있다. 또 비슷한 컬러의 파운데이션을 제형이 뻑뻑하다 싶을 정도로 섞으면 컨실러로 사용할 수 있다.

스킨

스킨에 향수를 몇 방울 떨어뜨리면 샤워코롱으로, 곡물 가루를 섞으면 천연 필링제로 쓸 수 있다.

마스카라

굳은 마스카라에 에센스나 페이셜 오일을 한두 방울 떨어뜨리면 거의 원래대로 회복된다. 다 쓴 마스카라 솔은 깨끗하게 씻어서 스크루브러시 대용으로 쓸 수 있고, 마스카라가 뭉쳤을 때 빗어주는 용도로도 사용 가능하다. 평소 뷰러를 써도 속눈썹 컬링이 잘 안 된다면, 마스카라 솔에 열을 가해 다 태워낸 뒤 남은 쇠막대를 유용하게 쓸 수 있다. 뷰러와 마스카라 사용 후 쇠막대를 라이터로 살짝 가열해 눈썹 고데기로 쓰면 컬링이 잘되는 것은 물론 지속력도 높아진다.

아이섀도

아이섀도는 유통기한이 지나면 발색이 잘 안 될 수도 있다. 이런 경우 리치한 로션이나 비비크림과 섞으면 크림 섀도로, 립밤과 섞으면 립스틱으로 활용 가능하다.

향수

향수와 에탄올을 3:7로 섞으면 디퓨저로 쓸 수 있고, 빨래할 때 마지막 헹굼물에 넣으면 섬유유연제로도 활용할 수 있다.

영양크림

유분 함량이 많아서 헤어팩으로 쓰면 유용하다. 샴푸 후 머리카락에 고루 발라 헤어캡이나 랩으로 감싼 뒤 20분 정도 두었다가 미온수로 헹궈내면 된다.

바디로션

살구씨 가루나 커피 가루, 흑설탕 등을 섞어 바디 스크럽제로 사용할 수 있다.

하이라이트 또는 쉬머 파우더

하이라이트나 쉬머 파우더처럼 입자가 고운 펄이 섞인 제품은 바디 오일을 섞어 바디 하이라이트 제품 대신 쓸 수 있다. 여름철 쇄골이나 다리에 스치듯 발라주면 탄력 있고 매끈한 피부 연출이 가능하다.

5

첫 만남을 성공적으로 이끌어주는 아나운서 메이크업

5

첫 만남을 성공적으로 이끌어주는 아나운서 메이크업

살아가는 동안 우리는 몇 번의 '첫 만남'을 하게 될까? 취업 면접, 고객과의 만남, 소개팅, 업무상 미팅, 상견례 등 셀 수 없이 많은 첫 만남을 해 왔고, 또 하게 될 것이다. 누군가를 처음 만날 때 가장 신경 써야 하는 부분은 호감 가는 좋은 인상을 남기는 것. 단아하고 지적인 매력, 무슨 일을 맡겨도 잘 해낼 수 있을 것 같은 그런 인상을 만들어주는 것이 바로 아나운서 메이크업이다. 중요한 첫 만남을 앞두고 있다면 아나운서 메이크업으로 먼저 좋은 인상을 만들어보자.

좋은 인상의 정점,
아나운서 메이크업

지적인 아름다움, 뉴스 앵커

세련미의 극치,
교양 프로그램 MC

친근함과 발랄함의 사이,
연예오락 프로그램 MC

건강한 섹시미,
스포츠 프로그램 리포터

좋은 인상의 정점,
아나운서 메이크업

아나운서 메이크업은 베이스 메이크업부터 중무장해야 한다. 아이라인이 진하고 입술선이 또렷해 보이는 등 실제로는 두꺼운 메이크업이지만 완성 후 진해 보이지 않도록 하는 것이 중요하다. 베이스 메이크업을 정성 들여 하는 만큼 피부가 맑아 보이고, 각종 라인 정리에 신경을 많이 쓰기 때문에 이목구비가 선명해 보인다.

©레이디경향

1 — 한율 윤기보습 크림 | 2 — 조르지오아르마니 래스팅 실크UV | 3 — 헤라 아이 브라이트너 | 4 — 슈에무라 듀얼 핏 파우더 | 5 — 슈에무라 하드포뮬러 | 6 — 헤라 오토 젤펜슬라이너 플래티늄 | 7 — 나스 라저댄라이프 롱웨어 아이라이너 브라운 | 8 — 맥 미네랄라이즈 멀티이펙트래시 | 9 — 맥 벨룩스 펄퓨전 섀도 브라운럭스 | 10 — 헤라 페이스 디자이닝 블러셔 이터널핑크 | 11 — 로트리 디자이닝 올댓 마블스톤 | 12 — 바비브라운 립펜슬 | 13 — 슈에무라 언리미티드 슈프림샤인 PK355 | 14 — 토니모리 크리스탈 블러셔 슈가브라운

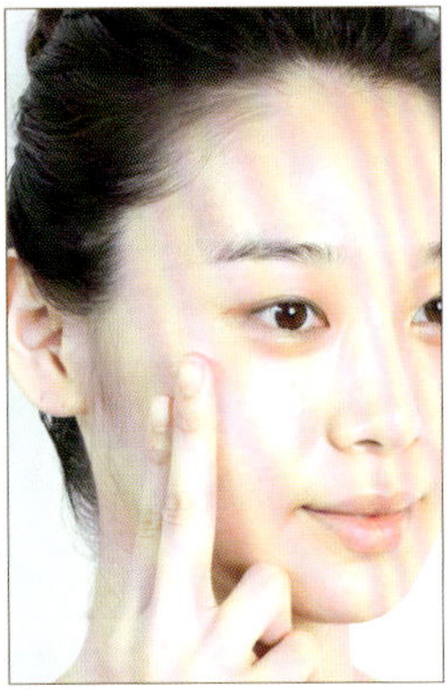

1 기초 단계에서 수분 공급이 중요하다. 수분크림을 충분히 두드리며 흡수시킨다.

2 커버력이 좋은 크림 파운데이션과 리퀴드 파운데이션을 1:1 비율로 섞어 바른다.

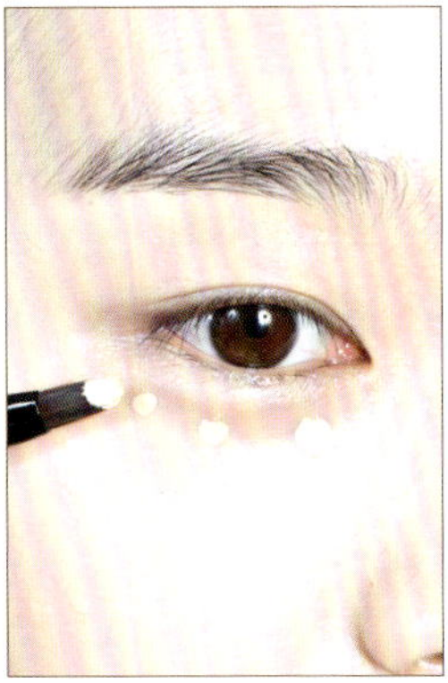

3 컨실러로 다크서클과 잡티를 커버해 피부가 깨끗해 보이도록 한다.

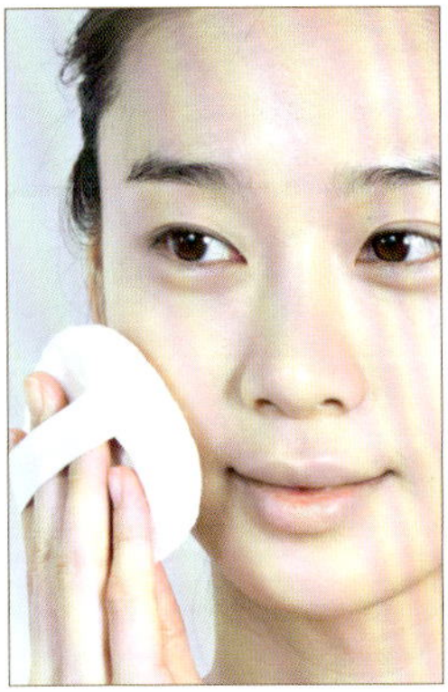

4 파우더를 발라 보송보송한 피부로 표현한다.

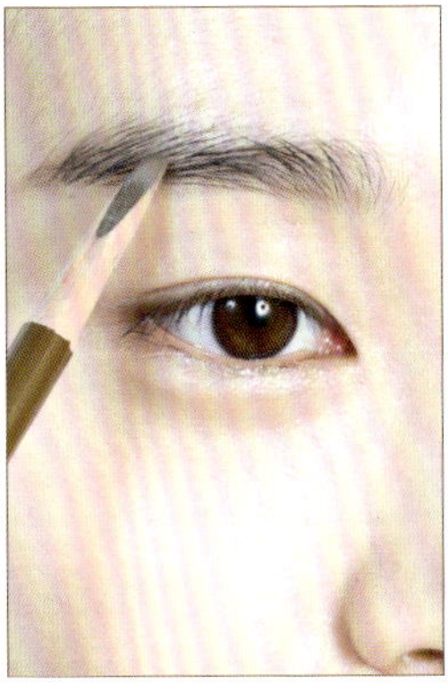

5 자신의 눈썹 모양을 최대한 살려 일자로 도톰하게 그린다.

6 블랙 젤라이너를 이용해 아이라인 3분의 2 지점부터 눈꼬리까지 길게 빼듯이 그리고, 브라운 펜슬라이너로 점막을 채우듯 언더라인을 그린다.

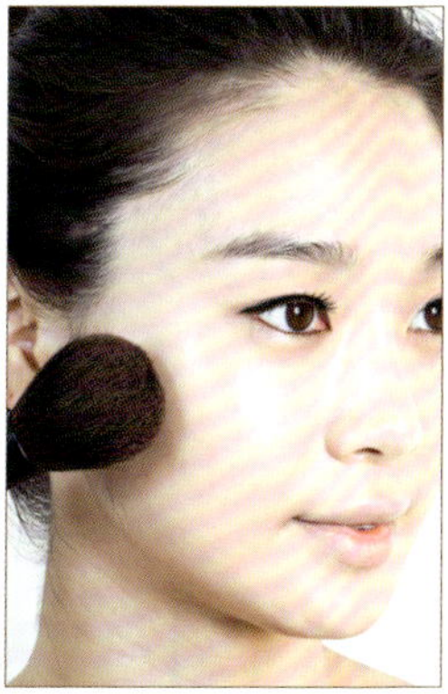

7 광대 옆 부분을 셰이딩하고, 웃을 때 가장 봉긋한 부분에 핑크 블러셔로 생기를 더한다. 볼륨감을 더하고 싶은 T존, 눈 밑, 콧대는 하이라이트로 밝혀 입체감을 준다.

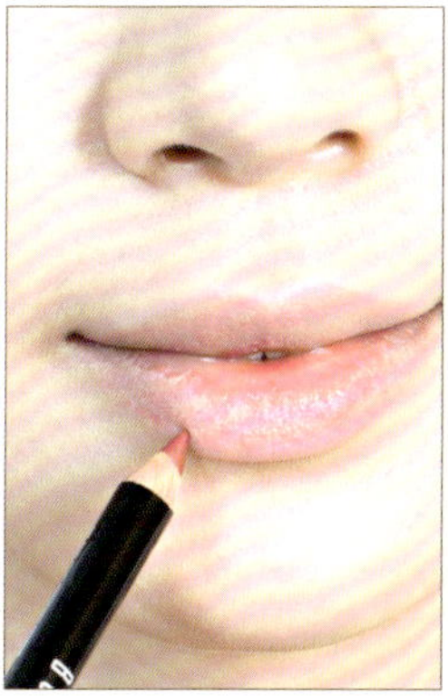

8 또렷한 입술선을 만들기 위해 립 라이너로 먼저 라인을 그리고, 피치톤 립스틱을 브러시로 꼼꼼하게 바른다.

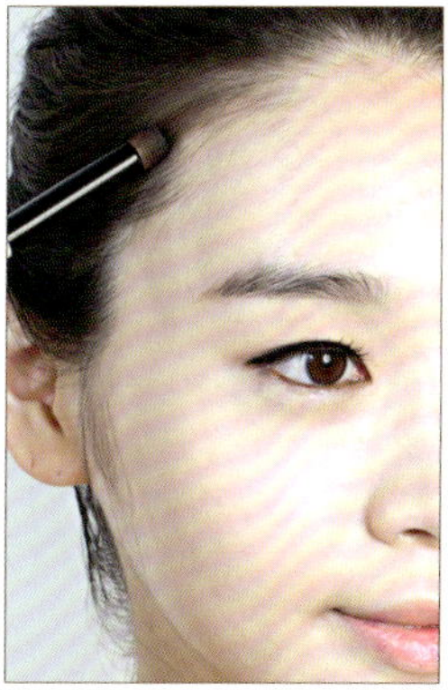

9 다크브라운 아이섀도나 아이브로 펜슬 등을 이용해 비어 보이는 헤어라인을 자연스럽게 메운다. 헤어라인 정리만으로도 얼굴이 작아 보이는 효과를 볼 수 있다.

지적인 아름다움,
뉴스 앵커

뉴스 앵커야말로 아나운서의 꽃이 아닐까. 뉴스를 진행해보아야 진짜 아나운서가 되었다고 말할 수 있을 것이다. 뉴스와 같이 정보를 전달하는 보도 프로그램 특성상 아나운서는 정직하고 신뢰감 있는 이미지로 보여야 한다. 시청자들의 시선이 분산되지 않고 아나운서에게만 집중되도록 전체적인 메이크업은 차분하게 연출하고 아이라인으로 포인트를 준다.

1 — 메이크업포에버 HD파운데이션 | 2 — 엘리자베스아덴 플로리스 피니시 울트라 스무스 프레스드 파우더 | 3 — 맥 플루이드 라인 젤라이너 블랙 | 4 — 나스 라저댄라이프 롱웨어 아이라이너 블랙&브라운 | 5 — 헤라 섀도 듀오 8호 | 6-헤라 리치 컬링 마스카라 | 7 — 엘리자베스아덴 에잇아워 립 프로텍턴트 스틱 | 8 — 엘리자베스아덴 뷰티풀 컬러 루미너스 립글로스 코랄키스 | 9 — 토니모리 크리스탈 블러셔 슈가브라운 | 10 — 에스티로더 퓨어칼라 블러시 | 11 — 로트리 디자이닝 올댓 마블스톤

1 피부톤이 일정하도록 꼼꼼하게 베이스 메이크업을 한 뒤, 눈썹을 한 올 한 올 심듯이 그린다.

2 인조 속눈썹을 자신의 눈 길이에 맞게 잘라 통으로 붙이고 젤라이너로 위 라인을 그린다.

3 언더라인은 먼저 브라운 펜슬라이너로 일자 모양이 되게 점막을 꼼꼼히 메운다. 그다음 블랙 펜슬라이너로 눈 앞쪽과 눈꼬리 부분만 역삼각형의 라인을 그려준다. 이렇게 하면 언더라인이 전체적으로 일자 모양이 되어 눈매가 둥글어 보인다.

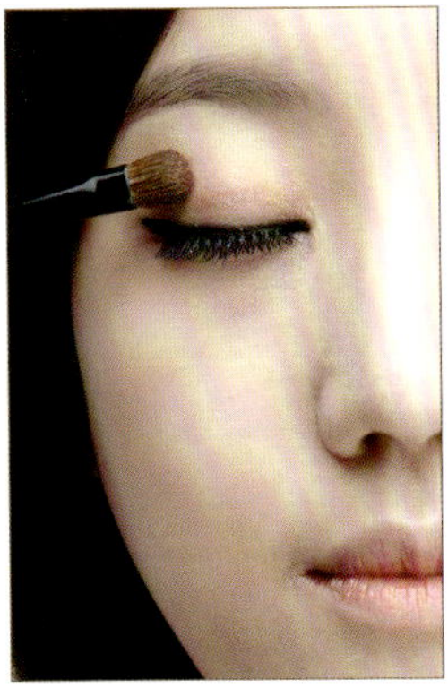

4 잔펄이 들어간 피치 섀도와 브라운 섀도를 섞어서 눈두덩 전체에 펴 바른다.

5 4의 피치 섀도를 애교살 위에만 바른다.

Tip

위 아이라인은 잘 번지지 않게 하기 위해 젤라이너를 사용하고, 언더라인은 젤라이너를 쓰면 너무 강한 느낌이 날 수 있으므로 펜슬라이너를 사용하는 것이 좋다.

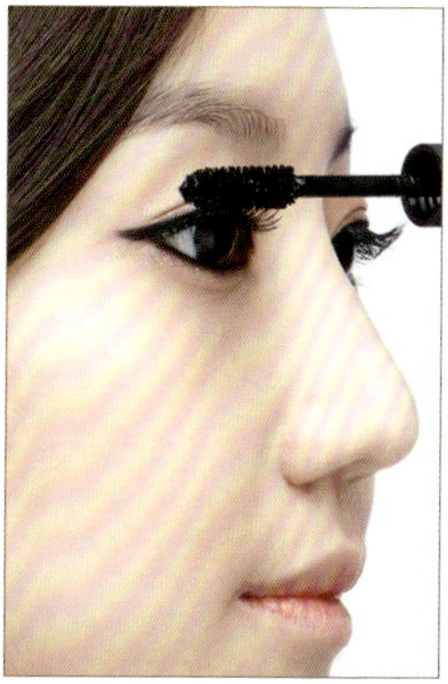

6 뷰러로 자기 속눈썹과 인조 속눈썹을 동시에 집어 올려 마스카라를 바른다. 아래 속눈썹은 잘 번지므로 마스카라를 바르지 않는다.

7 연핑크 컬러의 펜슬 립라이너로 웃었을 때의 입 모양대로 라인을 그려 스마일라인을 살리고, 립스틱과 립글로스를 섞어서 립 라인 안쪽에 전체적으로 펴 바른다.

8 브라운 컬러의 셰이딩으로 관자놀이 아래부터 사선으로 두세 번 쓸어내린다. 머리카락과 경계가 생기지 않도록 귀 쪽으로도 두세 번 쓸어준다.

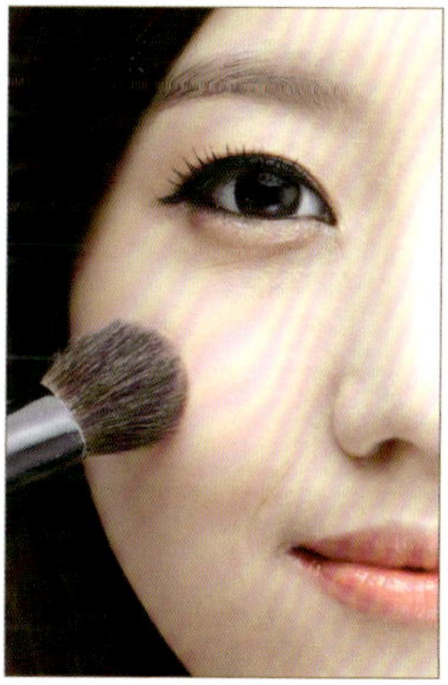

9 핑크 컬러 블러셔를 웃었을 때 튀어 나오는 광대를 기준으로 사선으로 쓸어 주듯이 바른다. 피부톤과 경계가 생기는 부분은 파우더나 누드베이지 컬러의 블러셔로 경계면만 살짝 발라준다.

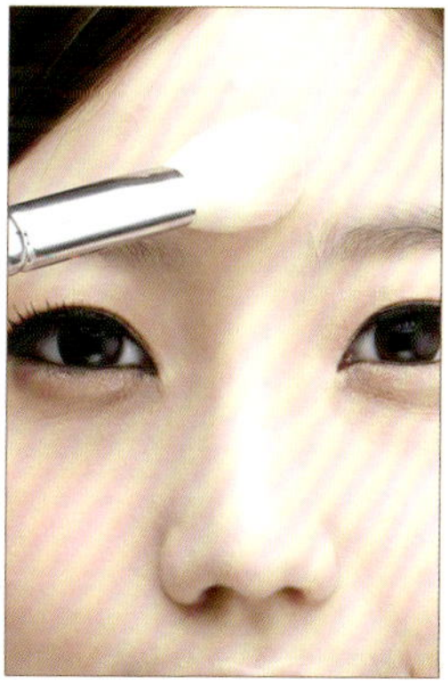

10 잔펄이 들어간 화이트 톤의 하이라이트를 붓에 덜어 눈 밑, T존, 턱선을 두세 번 쓸어준다. 콧대에 바를 때 콧방울은 바르지 않는 것이 콧대가 더 높아 보인다.

완성

보통 색조 메이크업 전과 후의 메이크업 시간 분배가 거의 5대 5 정도인데, 교양 프로그램의 경우 아이 메이크업 후 피부와 눈썹 메이크업을 수정해야 하는 경우가 많으므로 전 단계 메이크업에 많은 시간을 들이지 않는다. 아이라인이나 아이섀도에 힘을 주지 않고 속눈썹에 볼륨을 주어 이목구비가 또렷해보이게 하는 것이 특징이다.

세련미의 극치,
교양 프로그램 MC

1 — 한율 진주광 미네랄파우더 비비크림 1호 | 2 — 클리오 킬커버 리얼리스트웨어 모이스트파운데이션 | 3 — 로트리 에센스 컨실러 | 4 — 클리오 젤프레소 워터프루프 섀도 인유어플레이스 | 5 — 맥 벨룩스 펄퓨전 핑크룩스 | 6 — 맥 미네랄라이즈 멀티 이펙트래쉬 | 7 — 슈에무라 드로잉펜슬 블랙 | 8 — 헤라 루즈 홀릭 코발트핑크 | 9 — 슈에무라 라끄 슈프림 와일드푸시아 | 10 — 한율 자운단 보습 진정밤 | 11 — 토니모리 크리스탈 블러셔 플레져피치 | 12 — 에뛰드하우스 러블리쿠키블러셔

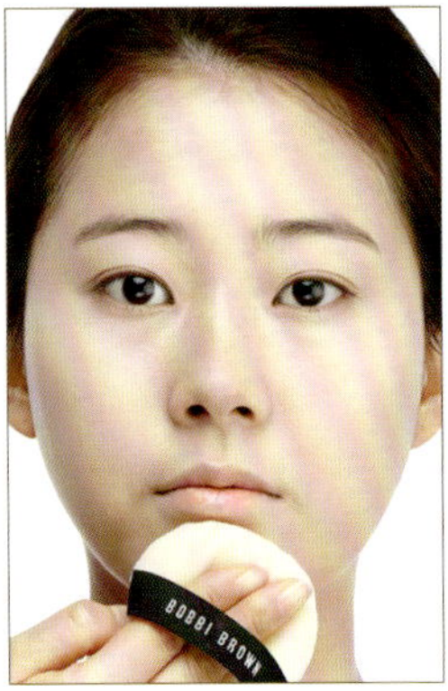

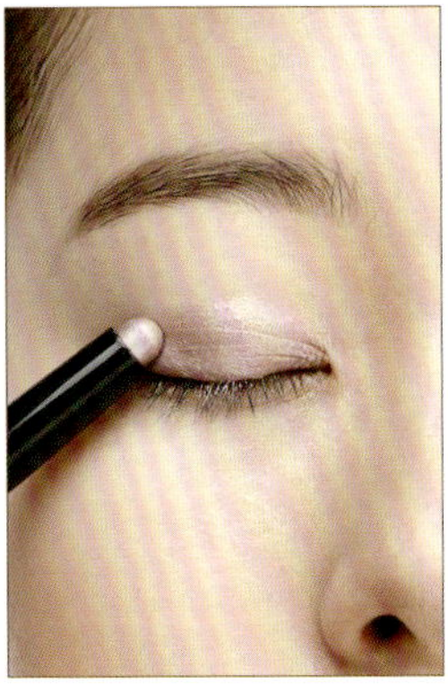

1 파우더까지 한 상태의 매트한 베이스 메이크업을 완성한다.

2 아이홀 부분에 연퍼플 컬러의 크레용섀도를 넓게 발라 아이 메이크업의 베이스를 해준다.

3 밝은 핑크 펄섀도를 아이홀과 쌍꺼풀라인의 경계에 발라 그라데이션 효과를 준다.

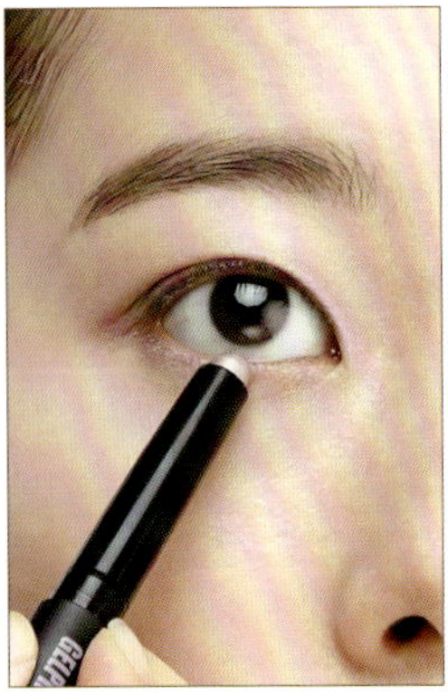

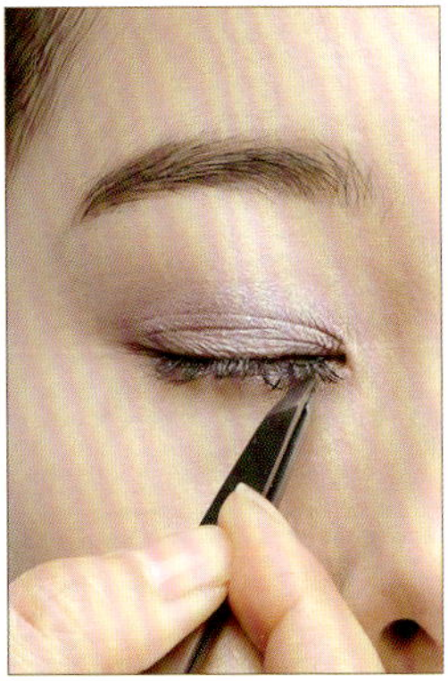

4 언더라인에 2의 크레용섀도를 얇게 바른다.

5 그 위에 3의 핑크 펄섀도를 브러시로 자연스럽게 펴 바른다.

6 속눈썹을 3mm 정도로 작게 잘라 눈 앞머리에서부터 붙인다.

7 동공이 시작되는 부위부터 끝나는 지점까지 2~3피스 더 붙인 뒤, 마스카라를 가볍게 바른다.

8 젤라이너를 압축한 젤펜슬라이너로 눈 모양을 따라 아이라인을 그린다. 속눈썹을 겹쳐 붙여 인상이 강해 보일 수 있으므로 눈꼬리는 일자에 가까운 모양으로 짧게 그린다.

9 언더라인은 점막을 채우는 정도로만 연하게 그린다.

10 입술 안쪽에만 핑크 립스틱을 바르고, 입술 전체에 컬러가 없는 멀티밤을 발라 자연스럽게 그라데이션 효과를 주고 촉촉함을 더한다. 눈에 포인트를 준 메이크업이므로 입술은 혈색이 좋아 보이는 정도로만 바른다.

11 핑크와 피치 컬러를 섞어 살짝 붉은 빛이 도는 정도로만 블러셔를 한다.

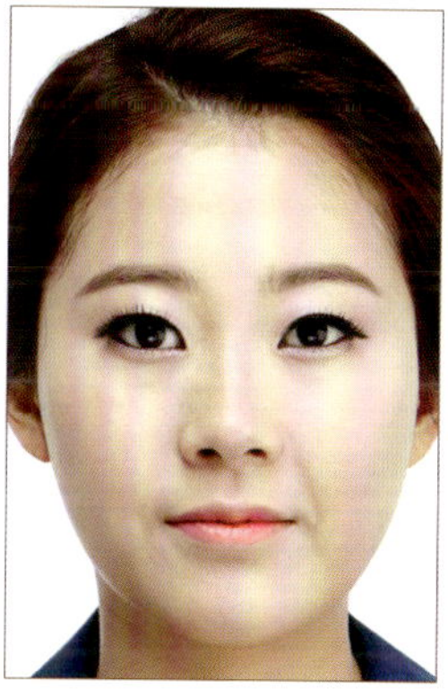

완성

친근함과
발랄함의 사이,
연예오락 프로그램 MC

프로그램 특성상 연예인들과 함께 방송을 하다 보니 이목구비가 화려해 보이도록 메이크업한다. 인조 속눈썹은 가닥가닥 붙여 눈매를 자연스럽게 연출하고 펄감이 풍부한 아이섀도를 사용해 화사하고 밝은 이미지로 표현한다.

1 — 한율 광채 쿠션 | 2 — 에뛰드하우스 청순거짓 브라우카라 라이트브라운 | 3 — 헤라 오토 젤펜슬라이너 플래티늄 | 4 — 클리오 워터프루프 브러시라이너 킬블랙 | 5 — 맥 앰버 라이트 | 6 — 맥 핑크 비너스 | 7 — 슈에무라 프레스드 ME166 | 8 — 조르지오아르마니 스무드실크립펜슬 | 9 — 페리페라 루즈팡 PK04 | 10 — 토니모리 크리스탈 블러셔 슈가브라운 | 11 — 에스티로더 퓨어칼라 엔비샤인 립스틱 아리랑 핑크 | 12 — 슈에무라 글로우온 라이트피치 | 13 — 슈에무라 글로우온 소프트모브 | 14 — 토니모리 크리스탈 블러셔 골드글래머

1 리퀴드 파운데이션을 가볍게 바른 뒤 수분감이 풍부한 에어쿠션을 덧발라 베이스 메이크업을 한다.

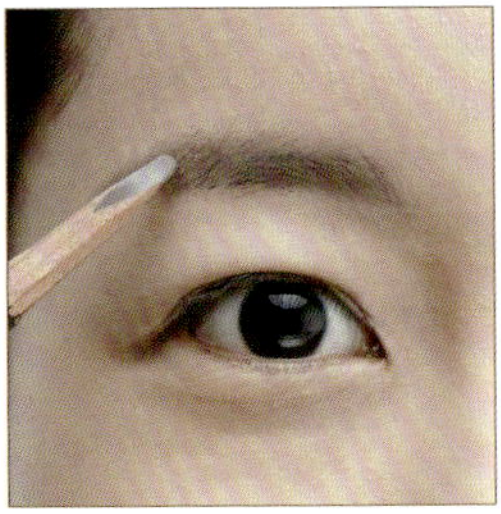

2 눈썹 아래쪽 잔털을 깨끗하게 정리한 뒤, 아치형으로 그려 세련미를 더한다.

2-1 눈썹 색이 너무 짙어서 인상이 강해 보인다면 밝은 브라운 컬러의 브로 마스카라를 살짝 덧발라 눈썹을 염색한 효과를 준다.

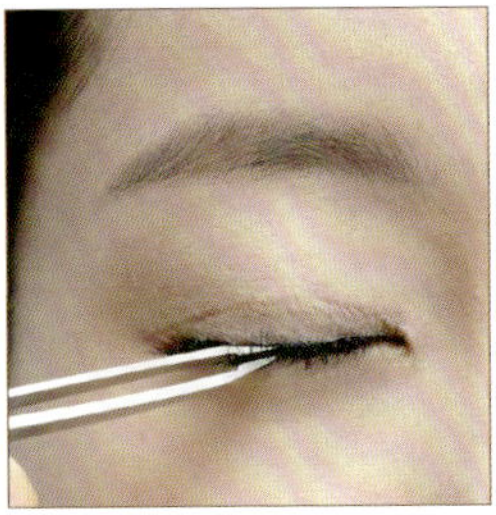

3 뷰러로 속눈썹을 올리고 투명 마스카라를 발라 고정시킨다. 인조 속눈썹을 3mm 정도로 잘라 자신의 눈 길이만큼 붙인다.

4 블랙펄 젤펜슬라이너로 붙인 속눈썹의 선을 따라 그리고, 눈꼬리는 살짝 위로 올려 그린다.

5 붓펜라이너로 한 번 더 눈꼬리를 길게 빼서 그리면 좀 더 엣지 있고 화려한 눈매를 연출할 수 있다.

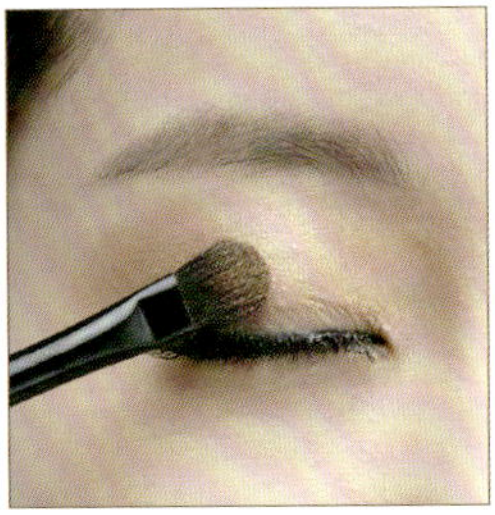

6 골드펄 아이섀도를 눈두덩 전체에 펴 바른다.

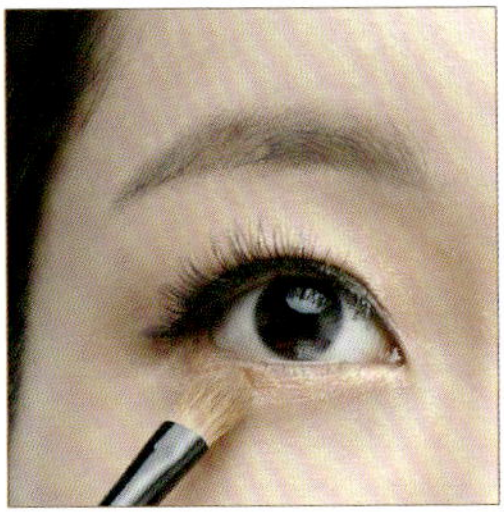

7 6의 섀도를 눈 밑 애교살에도 바른다.

8 진핑크와 연핑크 펄섀도를 섞어 쌍꺼풀 라인에만 한 번 더 바른다.

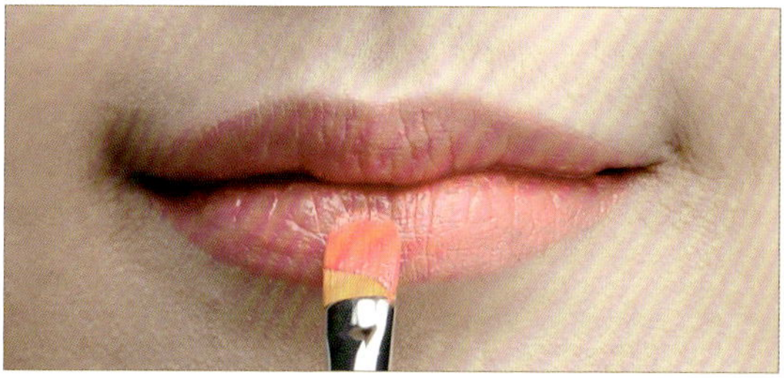

9 립라이너로 입술 라인을 따라 그린 뒤, 핑크 립스틱으로 입술을 채워 바르고, 비슷한 컬러의 립글로스를 덧발라 촉촉해 보이도록 한다.

Tip

핑크 립스틱은 컬러가 너무 다양해서 오히려 어떤 색을 선택해야 할지 어렵다. 이런 경우, 차이가 많이 나는 두 가지 톤의 핑크 립스틱을 섞으면 과하지 않게 화사한 핑크색으로 만들 수 있다.

10 옆 이마, 관자놀이, 턱 옆부분을 셰이딩한다.

11 핑크와 피치 두 가지 컬러를 섞어서 블러셔하고, T존과 턱 끝에 하이라이트를 발라 입체감을 준다.

완성

건강한 섹시미,
스포츠 프로그램 리포터

아나운서에도 여러 분야가 있는데 그중 스포츠 리포터는 요즘 들어 무척 각광 받는 분야이다. 야구나 축구 등 인기 있는 스포츠의 리포터가 되면 여느 연예인 못지않은 인기를 누리기도 하고, 자연스레 방송인으로 데뷔하기도 한다. 스포츠 하면 떠오르는 건강한 이미지를 표현하기 위해 광이 나는 피부 연출은 필수, 여기에 짙은 눈썹과 굵은 아이라인, 펄섀도로 섹시미를 더하면 글래머러스한 메이크업이 완성된다.

1 — 에스티로더 더블웨어 스테이인플레이스 | 2 — 바비브라운 크리미컨실러 | 3 — 에스티로더 더블웨어 브러시온 글로우 하이라이터 | 4 — 바비브라운 엑스트라 수딩 밤 | 5 — 클리오 틴티드 타투 킬 브로우 | 6 — VDL 페스티벌 아이섀도 203피넛버터 | 7 — 맥 벨룩스 펄퓨전 브라운룩스 | 8-에스티로더 더블웨어 익스트림 제로스머지 올이펙트 마스카라 | 9 — 슈에무라 드로잉펜슬 M다크브라운 | 10 — 슈에무라 드로잉펜슬 M체스트넛브라운 | 11 — 슈에무라 드로잉펜슬 P라이트오렌지 | 12 — 페리페라 페리스틴트워터 4호 만다린쥬스 | 13 — 슈에무라 틴트 인 젤라토 AT 03 | 14 — 맥 미네랄라이즈 뉴로맨스 블러시 | 15 — 엘리자베스아덴 래디언스 블러시 로맨틱로즈06

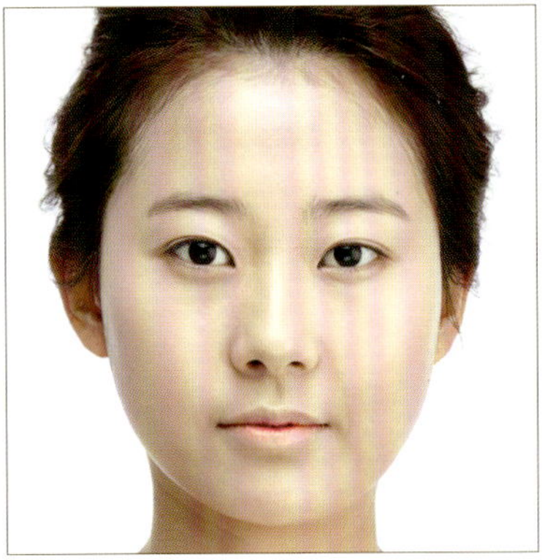

1 지속력과 커버력이 좋은 파운데이션을 얼굴 전체에 바르고, 다크서클과 잡티는 컨실러로 꼼꼼히 커버한다. 글로시한 피부 연출에 앞서 깨끗한 피부로 만드는 것이 중요하다.

2 T존 부위와 다크서클에 하이라이트를 바른다. T존 부위에는 좀 더 입체감을 주기 위해, 다크서클에는 눈 밑이 환해보이는 효과를 주기 위해 하이라이트를 미리 바른다.

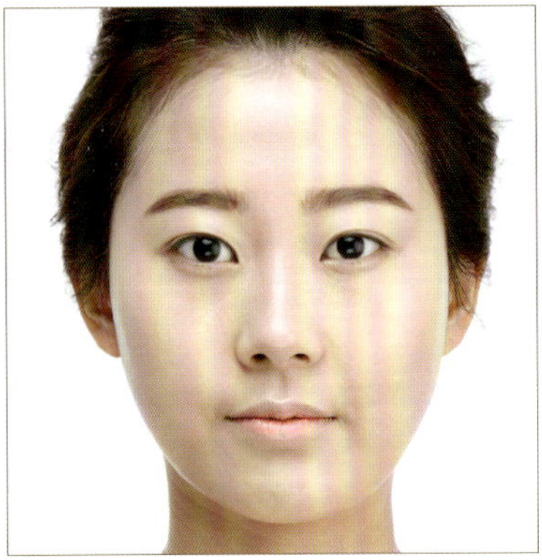

3 T존과 애플존에 수딩밤을 얇게 펴 바른다. 글로시한 피부 표현을 원할 때 수딩밤을 사용하면 자연스러운 광택을 줄 수 있다. 단, 많이 바를 경우 파운데이션이 밀릴 수 있으므로 작은 진주알 절반 정도의 소량을 손등에 덜어 브러시에 여러 번 문지른 뒤 사용한다.

4 눈썹은 3단계로 그린다. 먼저 펜슬로 기본적인 라인을 잡는다.

4-1 타투펜으로 눈썹 끝부분을 선명하게 그린다.
타투펜으로 눈썹을 그리면 길게는 일주일까지 지속되므로 실제 눈썹 타투를 한 것 같은 효과가 있다. 민낯으로 외출할 때 선글라스로도 가려지지 않는 휑한 눈썹이 걱정인 분들에게 추천한다.

4-2 마지막에 브로우카라로 눈썹모를 밝게 한다.

5 쌍꺼풀 라인보다 조금 더 넓게 카멜브라운 아이섀도를 발라 아이 베이스를 완성한다.

6 쌍꺼풀 라인에 펄이 있는 골드 섀도를 바른다.

7 6의 섀도를 애교살에도 바른다.

8 인조 속눈썹을 통으로 붙인 뒤 마스카라를 살짝 덧바른다. 잘라서 붙이는 것보다 자연스러움은 덜하지만 눈이 더 커 보이고, 눈매가 훨씬 선명해 보인다.

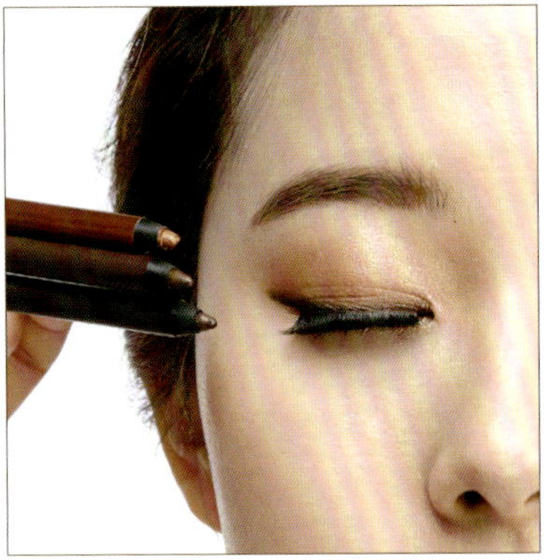

9 아이라인은 눈꼬리를 살짝 올려서 3겹으로 그린다. 먼저 다크브라운 젤펜슬라이너로 인조 속눈썹의 라인을 따라 한 번 그리고, 좀 더 밝은 컬러의 젤펜슬라이너로 그 위에, 마지막으로 가장 밝은 컬러의 젤펜슬라이너로 그 위에 그린다. 3겹의 아이라인을 그리는 것이지만 점차 연한 컬러의 라이너를 사용했기 때문에 두껍다는 느낌은 덜하고 눈매는 훨씬 더 시원해 보인다.

10 언더라인은 2겹으로 그린다. 중간 톤의 브라운 펜슬라이너로 점막을 채우듯 그리고, 한 톤 밝은 컬러의 라이너로 그 밑에 라인을 그리는데, 눈꼬리 부분은 역삼각형으로 마무리한다.

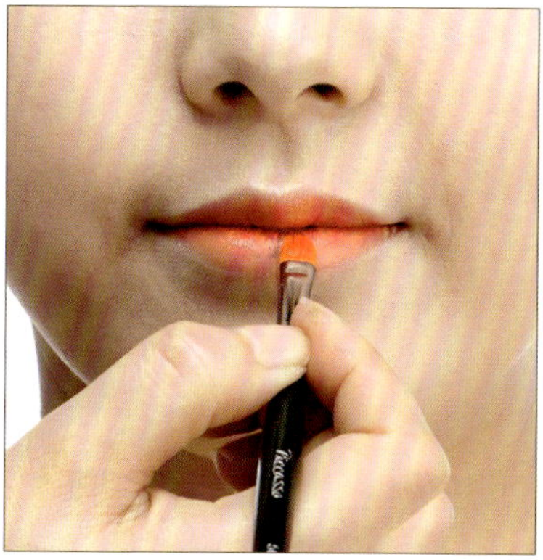

11 틴트로 은은하게 입술색을 물들인 뒤 립글로스를 덧바른다.

12 윤광 베이스가 되어 있는 상태이므로 광택이 나는 핑크와 피치 블러셔를 섞어서 평소 사용하는 것보다 더 작은 브러시를 이용해 둥글게 돌려가면서 바른다.

권선영이 추천하는 뷰티 아이템 베스트 18

beauty item best 18

1

슈에무라 포어레이저 언더베이스 무스

자신의 피부톤에서 자연스럽게 톤업되어 화사한 피부로 만들어준다. 피부톤에 상관없이 사용 가능하고 모공을 쫀쫀하게 만들어주어 평소 넓은 모공이 고민인 사람에게 적합하다. 이 제품 하나만 발라도 타고난 피부가 좋은 것처럼 보이는 효과가 있고, 제품을 바른 뒤 CC크림이나 CC쿠션을 덧바르면 가벼우면서도 촉촉한 베이스 메이크업을 완성할 수 있다.

2

조말론 비타민E 립컨디셔너

비타민E는 지용성 비타민으로 세포막을 유지시키는 역할을 하고, 피부 재생 효과가 있어 건조하고 갈라진 입술에 윤기와 보습을 제공한다. 매끈하고 촉촉한 입술은 피부미인의 필수조건! 입술이 튼 상태이거나 각질이 일어나 있다면 깔끔한 인상을 주기 어렵다. 조말론 립밤에는 멘톨 성분이 들어 있어 발랐을 때 알싸하고 시원한 느낌이 들고, 너무 번들거리지 않아 남자들이 쓰기에도 좋다.

3

토니모리 바나나 슬리핑팩

슬리핑팩은 씻어낼 필요 없이 팩을 한 채 잠들면 되는, 사용법이 무척 간단한 팩이다. 바르고 나면 5~10분 안에 빠르게 흡수되어 자는 동안 베개에 묻어날 염려가 없다. 팩을 하고 나서 세안하는 게 귀찮아 팩을 멀리하는 사람들에게 추천한다. 용기도 정말 예쁜 이 슬리핑팩은 바나나와 캐모마일꽃 추출물이 잠든 사이 푸석하고 거칠어진 피부에 풍부한 영양과 보습을 준다.

4

러쉬 풀 오브 그레이스

비누처럼 생긴 고체 형태의 세럼으로 놀라운 촉촉함과 얼굴이 반짝반짝해지는 효과를 경험할 수 있는 제품이다. 손가락 끝으로 부드럽게 녹여서 피부에 롤링하며 발라주면 과도한 피지 조절에 도움을 주고 산뜻한 촉촉함을 선사한다. 마스크팩이나 수분크림을 바르기 전에 사용하면 더욱 효과가 좋다.

5

클리오 틴티드 타투 킬 아이브로우

눈썹의 빈 공간이 자연스럽게 채워지고, 4~5일 정도 오래 지속되는 장점이 있다. 세수를 해도 잘 지워지지 않아 민낯에도 허전한 눈썹을 걱정할 필요가 없다. 수영장이나 사우나에 갈 때, 특히 결혼식 때 신부에게 강력 추천하는 아이템이다. 신혼여행 때 가지고 가면 여행 기간 동안 눈썹 지워질 걱정은 없기 때문이다. 반대쪽에는 브로 마스카라가 있어 눈썹의 볼륨과 결까지 살려줄 수 있다. 맨 얼굴에 사용하면 착색이 더 잘되어 효과적이다.

6

아벤느 트릭세라 크렘에몰리앙뜨

건성피부를 가진 분들에게 가장 많이 추천하는 수분크림으로 건조함을 느끼는 얼굴은 물론, 건조로 인한 가려움을 느끼는 몸에도 사용하기 좋은 제품이다. 보습과 윤기를 동시에 해결할 수 있어 메이크업 전에 이 제품 하나만 발라도 촉촉한 피부를 유지할 수 있다.

7

아이오페 에어쿠션® 블러셔

촉촉하고 밀착력이 좋아서 뭉침 없이 고루 발리고 사용 후 볼에서 은은한 광이 난다. 파운데이션을 바른 뒤 파우더를 하지 않거나, 쿠션 파운데이션으로 피부 메이크업을 했을 때 가루 타입 블러셔를 사용하면 뭉치거나 밀려서 장시간 공들인 메이크업을 한순간에 무너뜨릴 수 있는데, 이럴 때 사용하면 자연스러운 피부는 물론 생기 넘치는 얼굴을 만들어 준다. 몇 번을 덧발라도 뭉침이 없어서 메이크업을 수정할 때 편리하고, 자외선 차단 기능과 미백 효과까지 있다.

8

바비브라운 틴티드 아이 브라이트너

립글로스 같은 용기에 들어 있어 휴대가 간편하고, 액상 타입이라 사용 후 쉽게 건조해지지 않는다. 다크서클, 눈가 주름, 팔자주름에 발라주면 눈가가 환해 보이고 주름도 옅어 보인다. 너무 많이 바르면 하얗게 뜨기 때문에 양 조절에 유의해야 한다. 가벼운 메이크업에 하이라이트 대용으로 써도 좋고, 촉촉해서 수정 메이크업을 할 때 컨실러 대용으로 써도 무방하다. 눈가가 환하면 인상도 좋아 보이고, 다른 아이 메이크업 제품의 효과도 높아진다. 광고나 잡지에 나오는 아이섀도가 예뻐서 샀는데 발색이 그만큼 나지 않아 속았다는 느낌을 받은 적이 한두 번씩은 있을 텐데, 눈가를 밝히면 섀도의 발색력도 좋아진다.

겔랑 메테오리트 베이비 글로우

겔랑의 베스트셀러인 구슬파우더와 메테오리트 컴팩트의 리퀴드 버전이라고 할 수 있는 이 제품은 사용 후 끈적이지 않으며 광채와 적당한 커버력까지 있어 비비크림보다는 화사한 느낌이고, 파운데이션보다는 가볍고 산뜻한 느낌이 든다. 덧발라도 뭉침이 없어서 수정 커버에 좋다. 피부가 자연스럽게 톤업되는 베이스라서 화장을 잘 못하는 남자들의 비비크림 대용으로도 좋다.

9

10

맥 미네랄라이즈 스킨 피니쉬

일명 '오로라'로 유명한 진주빛 하이라이트. 여자에게 피부광은 어려 보이게 해주는 무기와도 같다. 하지만 물광이나 윤광은 피부 자체의 피지나 유분, 거기에 다크닝 현상까지 더해져 얼굴이 더욱 번들거리고 나이 들어 보이게 만든다. 베이스 마무리 단계에서 파우더를 생략하고 파우더 대용으로 또는 볼륨을 주고 싶은 이마나 애플존에 바르면 자연스러운 광채로 동안 피부가 완성된다. 노출이 있는 옷을 입었을 때 어깨나 쇄골에 바르면 섹시한 느낌도 줄 수 있다.

11

에스티로더 퓨어 컬러 엔비 립스틱 아리랑 핑크

동양인의 피부색에 잘 맞는 한 톤 다운된 핑크로 겉도는 느낌 없이 사계절 내내 데일리로 쓰면 좋을 제품이다. 보랏빛이 살짝 돌아 신비한 분위기를 연출할 수 있고, 발림성과 발색력이 좋다. 촉촉한 제형으로 립스틱을 바른 뒤 립글로스까지 발라야 하는 번거로움이 없어 간편하고 지속력도 좋은 편이다.

12

슈에무라 드로잉 펜슬

수많은 제형과 타입이 시중에 나와 있는 만큼 아이라이너를 구입할 때 많은 여성들이 깊은 고민에 빠질 것이다. 더 자연스럽게 그려지고, 눈매는 또렷하게 만들면서 쉽게 번지지 않는 아이라이너. 슈에무라 드로잉 펜슬은 모양은 펜슬인데 젤 타입을 압축시킨 제형으로 번짐이 거의 없고 브라운과 블랙 두 가지로 쓰면 좀 더 효과적으로 쓸 수 있다. 눈 앞머리부터 까만 눈동자까지는 브라운으로, 눈 끝부분은 블랙으로 그리면 자연스러우면서도 또렷한 눈매가 완성될 것이다.

13

로트리 로사 다브레카 파우더 팩트

SPF40으로 자외선 차단 기능이 있고 커버력이 좋아 얇게 발라도 피부가 깨끗해 보인다. 잔펄이 들어 있어 광채 피부로 연출할 수 있으며, 수정 메이크업을 할 때 T존, 애플존, 콧방울 등 유분이 많이 나오는 부위에 통통한 브러시로 가볍게 쓸어주면 유분기만 걷어 낼 수 있어 간편하다.

14

미샤 글램 실키 바디밤

미세한 펄을 함유하고 있는 이 제품은 팔과 다리에 바르면 피부에 자연스러운 광채가 생기면서 피부가 매끈해 보인다. 쇄골, 어깨 라인 등에 바르면 하이라이트 효과가 있어 날씬해 보이고 하루 종일 윤기 있고 건강한 몸매로 만들어 준다. 전신사진을 찍어야 하는 경우 전체적으로 몸이 슬림해 보이는 효과가 있다. 자외선 차단 기능이 있어 피부가 타는 것도 막아 준다. 각종 시상식에서 몸매가 많이 드러나는 드레스를 입어야 하는 연예인들이 많이 사용하는 제품이다.

15

헤라 에센셜 무스 트리트먼트

쫀득한 무스 제형이 특징으로 탄산 성분이 있어 피부 탄력 강화에 도움을 준다. 바름과 동시에 얼굴을 한 번 코팅해주는 느낌이 들면서 피부가 탱탱해지는 것을 느낄 수 있을 것이다. 미세 기포가 코끝이나 입술 주변 각질들을 녹여주어 피부가 부드러워진다. 스킨케어 마지막 단계에 넉넉하게 발라주면 아주 간단한 고영양 팩으로 활용할 수 있다.

16

맥 미네랄라이즈 모이스처 파운데이션

피부톤을 예쁘게 잡아주고, 수분 함량이 많아 겨울에 사용하기에도 좋은 제품이다. 촉촉함이 오래가고 다크닝 현상이 거의 없다. 아침 사용 후 수정 메이크업이 필요 없을 정도로 지속력도 좋다.

17

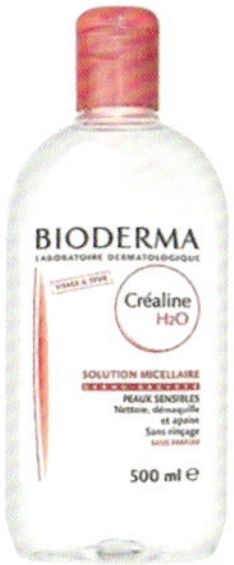

바이오더마 클렌징워터

클렌징은 피부관리의 시작과 같다. 그래서 피부에 맞는 제품 선정이 아주 중요하다. 안 써본 사람은 있어도 한 번만 써본 사람은 없다는 이 제품은 클렌징 제품들의 장점을 다 갖추고 있다. 순해서 아이 리무버로 써도 눈에 자극이 없고 진한 아이라인도 잘 지워진다. 건조함 때문에 워터 타입을 기피했던 사람들도 만족할 만한 제품이다. 화장솜에 묻혀서 사용하면 얼굴에 자극 없이 깔끔하게 지워지며, 따로 물 세안을 하지 않아도 된다. 클렌징으로 고민하는 모든 사람들에게 추천한다.

18

조말론 코롱 인텐스 다크 앰버 앤 진저 릴리

누군가를 생각했을 때 그 사람을 떠올리게 하는 여러 가지 이미지가 있다. 그중에서도 그 사람만의 체취는 시간이 지나도 잊히지 않는다. 나만의 시그니처 향을 정해 그 향을 맡았을 때 나를 떠올리게 하는 건 어떨까. 향수 컬렉터인 내 마음속 1위 제품, 소장 가치 1위인 제품은 조말론 코롱 인텐스 다크 앰버 앤 진저 릴리이다. 중성적이면서도 관능적인 느낌의 이 향수는 커리어우먼을 연상시키는 향이다. 살짝 무거운 감이 있어 가을, 겨울에 사용하면 좋다. 바디로션과 샤워젤 제품도 있으니 가볍게 한번 사용해보기 바란다. 스트레스를 받을 때나 잠자기 전에 룸스프레이처럼 뿌리면 마음이 편안해지고 불면증도 완화된다.

6

아나운서 메이크업, 아나운서에게 묻다

6

아나운서 메이크업,
아나운서에게 묻다

아나운서 메이크업을 가장 많이
경험한 현직 아나운서들에게
평소의 메이크업과
뷰티케어법에 대해 물었다.
매일 두꺼운 메이크업을 하고
뜨거운 조명을 받으면서도
좋은 피부를 유지하는 방법,
몸매관리법 그리고 늘 파우치에
넣어 다니는 메이크업 제품
등 방송인을 꿈꾸는 후배들이
궁금해할만한 부분에 대해
들려준다.

이혜승

이진

차예린

김주우

한석준

SBS 주말 뉴스를 맡고 있는 이혜승 아나운서. 15년차 베테랑 아나운서답게 매끄러운 진행으로 정평이 나 있다. 지적이고 차분한 이미지로 주로 뉴스 앵커를 맡아왔으며 많은 후배들이 롤모델로 꼽는 아나운서이다. 크고 둥근 눈매를 가진 전형적인 미인형으로 메이크업을 살짝만 해도 이목구비가 확 살아난다.

SBS 「8시 뉴스」 이혜승 아나운서

파우치에 항상 가지고 다니는 제품이 있나요?

립밤을 두 가지로 써요. 입술이 잘 터서 안 써본 립밤이 없는데 프레시 립밤이 제일 좋더라고요. 가격이 비싼 편인데 빨리 닳기까지 해서 집중보습이 필요할 때와 자기 전에만 사용하고, 주 활동 시간인 낮에는 카멕스 립밤을 발라요.

그리고 면봉도 항상 챙겨요. 메이크업을 오래 하고 있다 보면 아이라인이 번지거나 마스카라 가루가 떨어지는 경우가 많아서 방송 전에 꼭 면봉으로 정리를 해줍니다.

방송 메이크업을 할 때 가장 신경 쓰는 부분은요?

제가 저녁 뉴스를 하고 있는데, 방송 직전에 메이크업을 하는 게 아니라 오전 출근길에 들러서 받아요.

출근했다가 다시 샵으로 올 시간이 없거든요. 그런데 오후가 되면 유분이 올라오기 때문에 처음에 좀 매트하다 싶게 베이스 메이크업을 해요.

제품명

겔랑 파우더팩트
조말론 런던 피오니앤블러쉬 스웨이드코롱
시세이도 뷰러
크렘 드 라메르 크림
카멕스 립밤
슈에무라 글로우온
록시땅 핸드크림 로즈앤바이올렛
바비브라운 스킨파운데이션 스틱
프레시 슈가 립트리트먼트
미샤 더 스타일 틴트
바닐라코 더 키세스트 립크레용

평소엔 어떤 메이크업을 하나요?

자외선 차단제와 비비크림을 바르고, 컨실러 대신 파운데이션 스틱으로 다크서클을 커버해요. 컨실러는 효과는 좋지만 눈가를 금방 건조하게 만드는 것 같거든요. 그리고 눈썹의 중요성을 잘 아니까 잠깐 외출할 때도 눈썹은 꼭 그리고, 생기 있어 보이게 블러셔도 살짝 해요. 색조는 거의 하지 않아요.

피부&몸매&헤어 관리법에 대해 알려주세요.

기초 제품을 단계별로 여러 개 바르지 않고 계절에 따라 하나씩만 정해서 써요. 여름에는 진정 효과가 있는 로션, 겨울에는 크림 하나만 바르는데, 하나를 정성들여 바르는 게 피부에도 부담이 덜한 것 같아요.
가끔 스트레스가 심할 때, 피부는 괜찮은데 두피 쪽에 트러블이 생겨요. 그럴 땐 클리닉에 가서 집중 케어를 받지요. 머리카락이 손상된 것 같으면 그 위에 뭔가를 하려고 하지 않고 미련 없이 잘라요. 어쩔 수 없이 계속 단발 스타일을 고수하게 되네요.

일주일에 한두 번 러닝머신에서 뛰거나 필라테스를 해요. 몇 해 전에 10km 마라톤에 참가하게 되었는데 뛰는 게 은근히 저랑 잘 맞더라고요. 필라테스는 유연성을 높이려고 시작했어요. 아나운서에게 바른 자세는 정말 중요한데, 하루 종일 풀어진 자세로 있다가 저녁 뉴스를 하려면 방심하는 사이 자세가 틀어질 수 있거든요. 그리고 방송 시작 전에는 잠깐이라도 꼭 스트레칭을 해요. 긴장이 풀리기도 하고, 자세를 바로 잡아주는 효과가 있어요.

써본 제품 중에 가장 만족도가 높았던 제품이 있다면요?

라메르 크림이요. 파우치에도 항상 넣어 다니죠. 피부 재생 효과가 탁월한 것으로 알려져 있는데 저는 기초제품을 이거 하나만 쓰니까 올인원 크림으로 생각하고 사용해요. 건성 피부인데 당김도 거의 없고, 피부 상태를 일정하게 유지시켜주는 것 같아요.

MBC 「기분 좋은 날」 이진 아나운서

미스코리아 출신으로 빼어난 미모에 지성까지 겸비한 이진 아나운서는 무려 1146대 1의 경쟁률을 뚫고 MBC 공채 아나운서에 합격했다. 고급스럽고 세련된 이미지로 다양한 시사교양 프로그램의 진행을 맡아왔으며, 현재는 아침 교양 방송을 진행하며 편안한 이미지를 선보이고 있다.

제품명

아이오페 에어쿠션
조르지오아르마니 루즈 엑스터시
샤넬 루즈 코코밤
토니모리 퍼펙트아이즈 롱키니 마스카라
나스 섀도 펜슬
슈에무라 하드포뮬러
파리베를린 르 크레용 컨실러

방송 메이크업을 할 때 가장 신경 쓰는 부분은요?

실제 얼굴에 가깝게 화면에 나오도록 자연스러운 메이크업을 추구하는 편이에요. 예민하고 건조한 피부라 약한 자극에도 잘 빨개져서 그걸 커버하느라 메이크업 시간이 오래 걸려요(웃음). 헤어 컬러가 밝아서 눈썹도 비슷한 컬러로 염색을 했고, 눈썹을 그릴 때도 펜슬만 쓰지 않고 여러 가지 제품을 써요.

평소엔 어떤 메이크업을 하나요?

베이스는 에어쿠션 같은 촉촉한 제품을 쓰고 파우더는 안 해요. 파우더를 바르면 금방 피부가 건조해지더라고요. 아이라인과 마스카라는 꼭 하는 편이고, 섀도는 번거로워서 거의 생략해요. 한동안 진한 립 컬러가 유행이었는데 저한테는 잘 안 어울리더라고요. 그래서 무난한 컬러의 글로시한 립스틱이나 립글로스를 선호해요.

피부&몸매&헤어 관리법에 대해 알려주세요.

트러블 예방을 위해 낯선 화장품은 잘 안 쓰고 일주일에 네 번 이상 집에서 팩을 해요. 커피를 좋아해서 커피를 마시는 만큼 물도 많이 마셔요.
길이가 긴 염색 헤어라 두피관리에 신경을 많이 써요. 헤어트리트먼트도 자주 하고, 샴푸 후에는 자연 건조되게 놔둬요. 샴푸 선택도 신중하게 해요. 성분도 따져보고 어떤 기능이 있는지도 살펴보고. 방송 마치고 집에 가면 아무리 피곤해도 머리는 꼭 감고 자요. 헤어 제품을 많이 쓴 상태인데 그대로 두고 자면 탈모의 원인이 된다고 하더라고요.
유연성을 기를 수 있는 운동을 좋아해요. 요가랑 필라테스는 꾸준히 해왔고, 최근에는 발레를 본격적으로 배우고 있어요. 자세나 바디라인을 곧게 해주는 효과도 있고 근력 운동도 되더라고요. 헬스장에서 하는 근력 운동은 재미가 없어서 괴로울 때가 많은데 발레로 일석이조의 효과를 보고 있어요.

파우치에 항상 가지고 다니는 제품이 있나요?

속눈썹이 잘 처져서 뷰러는 꼭 가지고 다녀요. 틈날 때마다 속눈썹을 올려주는 거죠. 컬링 면이 넓은 제품으로 한 번에 눈꼬리까지 올려주는 게 중요해요.

유명 여성 아나운서를 많이 배출해낸 MBC에서 요즘 가장 핫한 아나운서를 꼽으라면 차예린 아나운서가 아닐까. 주말 예능 프로그램 진행을 맡고 있는 그녀는 도도해 보이는 외모와는 달리 엉뚱한 매력으로 많은 사랑을 받고 있다. 작은 얼굴에 높은 콧대로 입체적인 얼굴을 가지고 있는 차예린 아나운서는 자연스러운 메이크업으로 시청자들과 만난다.

MBC 「찾아라! 맛있는 TV」 차예린 아나운서

제품명	헤라 미스트쿠션 토니모리 크리스탈 블러셔 바비브라운 아이섀도 에스프레소 스미스 로즈버드 살브 민트 립밤 더페이스샵 페이스잇 래디언스 컨실러 듀얼 페리페라 페리스틴트 입생로랑 루즈 퍼 꾸뛰르 맥 러스트 라즐 다즐러 나스 사틴 립펜슬 슈에무라 샤프닝 펜슬 보브 굿바이아이펜더 붓펜아이라이너

방송 메이크업을 할 때 가장 신경 쓰는 부분은요?

속눈썹이 잘 처지는 편이라 뷰러로 바짝 올려요. 속눈썹이 처지면 웃을 때 눈이 감겨 보이거든요.

자신의 피부 타입과 그에 따라 차별화를 두는 방송 메이크업 팁이 있다면 알려주세요.

건성 피부라 피부가 촉촉해 보이는 데 신경을 많이 쓰는 편이에요. 베이스 메이크업 전 에센스와 수분크림을 오랜 시간 정성들여 발라서 잘 스며들게 해요.

평소엔 어떤 메이크업을 하나요?

저는 피부 메이크업이 제일 중요하다고 생각해요. 먼저 수분크림을 많이 발라서 촉촉하게 한 뒤 비비크림과 파운데이션을 섞어서 펴 발라요. 색조는 거의 하지 않고, 눈썹 정도만 그리는 편이에요. 시간이 지나면 파운데이션이 지워지니까 덧발라야 하는데, 그럴 때도 먼저 수분크림을 바른 다음 파운데이션을 덧발라요.

피부&몸매&헤어 관리법에 대해 알려주세요.

평소에 마사지나 팩을 하지는 않고, 중요한 날을 앞두었을 때 집중적으로 하는 편이에요. 마스크팩은 이것저것 많이 해봤는데 SK2 마스크팩이 즉각적인 효과를 보여주는 것 같아요. 그리고 마사지크림도 쓰는데, 이건 마사지를 위해서라기보다는 각질 제거 용도예요. 예전에 할머니들이 많이 하시던 방식인데(웃음) 마사지크림을 바르고 계속 문지르다 보면 각질이 뭉쳐서 나와요. 저는 필링 제품을 따로 쓰기보다는 이런 식으로 각질 제거를 해요.

헤어는 가끔씩 두피케어를 받고, 집에서는 한 달에 한두 번 트리트먼트로 팩을 해요. 몸매관리는 특별히 하지 않다가 근육량을 좀 늘리면 좋을 것 같아서 얼마 전부터 PT를 받기 시작했어요.

써본 제품 중에 가장 만족도가 높았던 제품이 있다면요?

라로슈포제 에빠끌라H 수분크림이요. 아마 건성피부인 분들은 많이 사용하실 거예요. 촉촉함이 오래 지속되고 피부 진정 효과도 있어서 좋아하는 제품이에요.

조각 같은 외모의 훈훈한 비주얼로 여성 시청자들을 사로잡은 김주우 아나운서는 일명 '외계인 스펙'으로 유명하다. 낭비되는 시간이 없도록 하루 24시간을 체계적으로 자기계발에 힘쓴다는 그의 성실함이 깔끔한 진행의 밑거름이 아닌가 한다. 이목구비가 또렷하고 남성미가 강한 얼굴이라 메이크업을 할 때 부드러운 인상으로 만드는 데 중점을 둔다.

외계인 스펙의 SBS 김주우 아나운서

방송 메이크업을 할 때 가장 신경 쓰는 부분은요?

피부톤이 약간 어두운 편이어서 환해 보일 수 있게 피부 메이크업을 해요. 인상이 강해 보이는 편이라 눈썹은 너무 진하지 않게 그리고, 셰이딩과 하이라이트로 페이스 라인을 정리하죠.

평소엔 어떤 메이크업을 하나요?

방송이 없을 때는 기초 제품만 바르는 편이에요. 요즘은 남자들도 비비크림 정도는 많이 바른다고 하는데 저는 평소 두꺼운 방송 메이크업을 하다 보니 쉬는 날엔 피부도 쉬게 해주는 게 좋을 것 같다는 생각이 들어요. 외출할 때 자외선 차단제는 잊지 않고 바르는 편이에요.

피부&몸매&헤어 관리법에 대해 알려주세요.

거의 매일 메이크업을 하다 보니 트러블이 곧잘 생겨요. 면도를 하다가 베어서 염증이 생기기도 하고요. 매일 홈케어를 해주면 좋겠지만 집에서는 체계적인 관리가 불가능할 것 같아 주기적으로 피부과를 찾는 편이에요. 제가 워낙 운동을 좋아해요. 뛰어다니고 몸을 움직이면서 스트레스를 풀기도 하죠. PT는 거의 매일 하고 있고, 스케줄 없는 날엔 여기저기 돌아다니면서 많이 걸어요. 요즘은 서핑과 등산에 빠져 있어요. 제가 아나운서 5년차인데, 기초 체력이 정말 중요한 직업이라는 생각이 많이 들어요. 체력 향상을 위해서라도 운동은 꾸준히 하는 게 좋을 것 같아요.

써본 제품 중에 가장 만족도가 높았던 제품이 있다면요?

바비브라운 비타민 인리치드크림이요. 제 피부에 대해서는 저보다 원장님이 더 잘 알고 있기 때문에 추천해주시는 제품 위주로 쓰고 있는데 향이 좋고 번들거리지 않아서 부담 없는 제품이에요.

화려한 입담과 뛰어난 순발력으로 다양한 분야의 진행을 맡아온 한석준 아나운서. 장난기 가득한 서글서글한 눈매에서 풍기는 편안함은 오랜 세월 그를 정상의 자리에 있게 한 원동력일 것이다. KBS를 대표하는 아나운서답게 기획이나 특집 프로그램 등 중요한 방송을 도맡고 있으며, 젠틀한 이미지와 특유의 에너지로 시청자들의 신뢰를 얻고 있다.

뉴스부터 예능까지 전 분야를 아우르는 KBS 한석준 아나운서

방송 메이크업을 할 때 가장 신경 쓰는 부분은요?

눈썹을 또렷하게 그리고, 입술색이 옅은 편이라 혈색이 좋아 보일 정도의 컬러감이 있는 립밤을 발라요. TV로 보면 크게 티가 안 나는데 실제로는 피부가 많이 검고, 잘 그을리는 편이라 자외선 차단 기능이 함유된 베이스 제품을 사용하죠.

피부&몸매&헤어 관리법에 대해 알려주세요.

얼굴을 자주 만지는 습관이 있어서 발랐을 때 피부가 번들거리는 제품은 쓰지 않아요. 원래는 스킨 하나 겨우 바를 만큼 피부에 관심이 없었는데 요즘 들어 얼굴 당김이 느껴져서 수분크림을 챙겨 바르고 있어요. 가끔씩 수면팩을 바르고 자기도 하고요. 제가 등산, 캠핑 마니아라서 쉬는 날에는 거의 산 속이나 바닷가에 있어요. 그러다 보니 그렇잖아도 까무잡잡한 피부가 더 검어지는 것 같아 자외선 차단제는 꼭 바르죠. 골프도 즐겨하는 운동 중 하나예요. 기본적으로 많이 걷고 다양하게 근육을 써야 하는 스포츠라 생각보다 체력 소모가 많고 전신운동이 되죠.

써본 제품 중에 가장 만족도가 높았던 제품이 있다면요?

헤라 레포츠선크림이요. 물과 땀에 강해서 저처럼 레포츠를 좋아하는 남자들이 사용하기 좋은 제품인 것 같아요. 선크림은 여러 종류의 제품을 사용해봤는데 사용 후 얼굴 당김이 느껴지는 제품이 많았어요. 이건 바르고 나서 수분크림 바른 것처럼 촉촉한 느낌이 들어서 좋은 것 같아요.

7

아나운서들의 뷰티 멘토,
권선영의 메이크업 라이프

© 레이디경향

"메이크업은 외적 자신감과 연결되고, 그로 인해 한 사람의 인생이 달라질 수도 있어요. 메이크업을 받으러 온 사람도, 해주는 사람도, 모두가 만족할 수 있게 최선을 다하는 것이야말로 메이크업 아티스트가 가져야 할 단 하나의 소명이라고 생각해요. 저는 메이크업뿐만 아니라 그 사람에게 제일 잘 어울리는 게 뭔지 함께 연구하고 또 개선점을 찾아 더 나은 방향으로 나아갈 수 있도록 도와주는 일이 세상에서 제일 보람되고 행복한 것 같아요. 모두가 예쁠 수는 없잖아요. 개개인의 매력이 최대한 발현될 수 있게 만들어주는 것, 그게 바로 제 역할이라고 생각해요."

이미지 메이킹에 성공하면
어떤 시험도 두렵지 않다

실력으로 우열을 가리기
힘든 두 사람이 있다면
나이가 더 어리거나
외모가 더 준수한 사람을
뽑는 게 당연하다.
방송 일을 시작하려는
사람이라면 외모를 가꾸는
데에도 많은 시간을
투자해야 한다.

인상이 강해보이는 사람들은 거울을 보면서 웃는 연습을 많이 하고, 셀카도 열심히 찍으면서 가장 예쁜 모습을 찾도록 노력해야 한다. 카메라와 사랑하고 연애하기. 내가 맨 처음 하는 주문이다. 카메라 테스트를 할 때 남자친구를 바라보듯 카메라를 바라보고, 면접을 볼 때 면접관을 남자친구라고 생각하고, 데이트할 때처럼 편안한 마음으로 임하면 의외로 마인드 컨트롤 효과가 있어 조금이나마 긴장을 풀어준다.

얼굴 비대칭이 심한 사람들은 대개 잘못된 습관 때문인 경우가 많다. 한쪽으로만 음식물을 씹는 습관과 한 방향으로만 잠을 자는 습관, 턱 괴는 습관 등 일상생활에서 꾸준히 고쳐야 할 부분들을 체크하여 개선해나가야 한다.
사람에게 가장 큰 무기는 미소라고 생각한다. 웃는 모습이 예쁜 사람에게 우리는 쉽게 호감을 느끼게 되고 한 번이라도 더 쳐다보게 된다. 입이 돌출되었거나 치열이 고르지 못한 사람은 그걸 콤플렉스라고 생각하다 보니 자연스럽게 웃지 못한다. 이런 사람에게는 치아 교정이나 라미네이트를 권해 주기도 하는데, 시술 전후 자신감의 차이가 엄청나게 크다는 것을 느낄 수 있다.
배우 못지않은 미모를 자랑하는 현직 아나운서들도 준비생 시절에는 평범한 외모였던 경우가 많다. 촬영 현장에서 카메라 마사지, 조명 마사지 등을 통해 자신이 예뻐 보이는 각도와 자세, 표정을 계속 연구하기 때문에 예뻐지는 것이다. 다이어트와 운동을 꾸준히 병행하는 것도 큰 영향을 미친다. 무엇보다 경력이 쌓이면서 실력이 늘고, 그로 인해 여유와 자신감이 생기는 것이 가장 큰 도움이 되는 듯하다.
얼지인 아나운서가 합격 후 1년간 지방에서 근무를 하고 다시 여의도 본사로 왔을 때가 생각난다. 같이 저녁을 먹기로 해서 만났는데 하마터면 지인이를 못 알아볼 뻔했다. 그저 순둥이처럼 보이기만 했던 그녀는 그동안 살도 많이 빼고 스타일도 좋아졌다. 이후 그녀는 차분하면서도 세련된 이미지로 시사교양 프로그램 쪽으로 수많은 커리어를 쌓았다. 자신만의 이미지를 구축하는 데 성공한 대표적인 케이스라고 볼 수 있다.

이미지 메이킹은 자신에 대해 좀 더 구체적으로 알아가는 과정이다. 그러니 끊임없이 시도하고 변화를 두려워하지 말 것. 새로운 나를 발견하고, 나만의 고유한 이미지를 가지게 될 것이다.

가장 행복한 순간을 함께-
김환·오언종·엄지인 아나운서
웨딩 메이크업

SBS 15기
김환 아나운서
웨딩 메이크업

아나운서 준비생일 때부터 나와 함께해온 김환 아나운서는 내겐 늘 좋은 사람이다. 남자한테 참하다고 말하면 실례일까. 신입이었던 때도 선배가 된 지금도 환이는 변함없이 겸손하고 성실하다. 이런 남자는 대체 어떤 여잘 만나 결혼할까 생각했었는데 어느 날 아리따운 피앙세를 데리고 와 인사를 시켰다. 예비 신부를 데리고 들어오는데 여배우들에게서 보았던 광채가 느껴졌다. 얘기를 나눠 보니 환이와 많이 닮은 것 같아 더 정감이 갔다.

결혼 얘기가 오갈 때 가족들 다음으로 소식을 알리는 게 메이크업 아티스트이다. 기사를 내보내기 전, 비밀리에 모든 결혼 과정을 준비해야 하기 때문이다. 두 사람이 가장 돋보여야 하는 웨딩 메이크업을 내게 부탁했을 때 얼마나 고마웠는지 모른다.

헤어와 메이크업, 드레스, 스튜디오, 한복, 예식장 등 필요한 결혼 준비를 하나씩 해나가면서 얼굴보다 마음씨가 더 예쁜 신부를 보며 환이가 참 괜찮은 여자를 만났구나 싶어 내심 흐뭇했다.

메이크업 콘셉트에 대해서는 크게 고민하지 않았다. 웨딩 촬영 때는 패션&뷰티 화보 스타일로 자연스러운 헤어와 포인트 메이크업을 했고, 본식 때는 승무원의 단아함을 그대로 느낄 수 있는 올백 헤어와 투명한 피부 표현에 중점을 둔 내추럴 메이크업으로 참한 이미지를 부각시켰다. 나중에 사진을 다 받았는데 그중 카페 야외에서 찍은 사진이 무성영화 포스터처럼 정말 멋있게 나와서 내 작업실 벽에 걸어두었다.

보는 사람들마다 감탄하게 만드는 근사한 사진 속의 행복한 두 얼굴이 언제까지나 그 미소를 간직했으면 좋겠다.

KBS 33기
오언종 아나운서
웨딩 메이크업

KBS에 입사하자마자 동기인 가애란 아나운서와 함께 나를 찾아온 오언종 아나운서는 피부가 워낙 하얗고 외모가 말끔해 좋은 환경에서 반듯하게 잘 자란 사람 같다는 인상을 주었다. 친해지고 보니 꼼꼼하고 까다로울 것 같은 외모와는 달리 소탈하면서도 남자다운 성격의 소유자였다. 나에게 여동생이 있었으면 아마 남편감으로 소개시켜 주었을 것이다. 그 정도로 내가 맘에 들어 했던 언종이는 여자 보는 눈도 남달랐고, 아나운서처럼 기품 있는 예비 신부를 내게 데려와 결혼 소식을 전했다. 가끔 아나운서 동생들과 이런 말을 하곤 한다. 아나운서들이 평소 다양한 분야의 많은 사람을 만나고 상대하다 보니 사람 보는 눈이 좋은 것 같다고. 말 그대로 지덕체를 다 갖춘 배우자를 어디서 그렇게 잘 찾아내는지 모르겠다.

결혼식 날에는 하객이 너무 많아 내가 다 정신이 없었다. 그동안 언종이가 얼마나 주변 사람들을 잘 챙기며 살아왔는지 비로소 실감할 수 있었다. 형식적인 축하 자리가 아닌 결혼 자체가 축제 분위기로, 공중파 3사 아나운서들은 물론 높은 연배의 대선배 아나운서까지 정말 많은 사람들이 모여 축하해주었다. 이 날의 주인공은 당연히 예비 신부. 지적이면서 고급스러운 이미지를 살리려 아나운서 스타일로 메이크업 콘셉트를 잡았고, 헤어스타일은 심플하면서도 우아해 보이는 올림머리를 택했다. 이제 곧 2세가 태어난다고 하니 모두 축하해주시기를!

KBS 33기
엄지인 아나운서
웨딩 메이크업

사람 인연이라는 게 정말 따로 있는 모양이다. 엄지인 아나운서와의 저녁 모임에 내가 지금의 지인이 남편을 초대했는데 첫 만남에서 두 사람 사이에 묘한 기류가 흐르는 게 느껴졌다. 만남이 어느 정도 지속된 뒤 결혼하기로 했다는 말을 들었을 때는 내 일처럼 기뻤다.
지인이는 자기 얼굴을 가장 잘 이해하는 사람이 나라며 웨딩 메이크업을 부탁했고, 나는 기꺼이 그녀를 세상에서 가장 아름다운 신부로 만들어주었다.
동양적인 이목구비를 가지고 있어 화려한 메이크업보다는 한 듯 안 한 듯한 가벼운 메이크업이

잘 어울리는 그녀에게는 색조를 거의 하지 않고 아이라인을 또렷하게 살려 얼굴 전체에 볼륨감을 주는 메이크업을 했다. 평소 밋밋한 얼굴, 작은 이목구비가 고민인 분들에게 강력 추천하는 스타일이다.
내가 맺어준 커플이 결혼을 하고 알콩달콩 살아가는 모습을 지켜보는 일이 이토록 즐거울지 몰랐다. 얼마 전 지인이 부부를 꼭 빼닮은 예쁜 아기가 세상에 나왔다. 그 딸이 자라 결혼할 때 내가 웨딩 메이크업을 해줄 수 있게 된다면 정말 행복할 것 같다.

방송인을 꿈꾸는 사람에게 전하는 특급 면접 노하우

비슷한 학벌, 비슷한 실력, 비슷한 외모. 하지만 누군가는 붙고 누군가는 떨어진다. 엄청난 경쟁률을 뚫고 합격한 아나운서들의 특급 면접 노하우를 공개한다.

이진 아나운서

면접 때 여자들은 보통 투피스를 입거든요. 저는 흰색 탑에 흰색 치마를 입고 재킷은 컬러별로 세 벌 정도 가지고 다녔어요. 시험 보러 가서 제 앞뒤 순서에 있는 준비생들이 뭘 입었는지 보고 컬러가 겹친다 싶으면 바꿔 입는 거죠. 면접 볼 때 저 빼고 전부 빨간 재킷에 검정 스커트를 입었었는데 저는 흰색 스커트에 하늘색 재킷을 입고 있어서 아무래도 좀 달라보이는 면이 있었을 거예요. 만약 저까지 비슷한 옷을 입고 있었으면 심사위원의 뇌리에는 '빨간 재킷 팀'으로 뭉뚱그려지게 될 가능성이 높았겠죠. 여러 상황을 염두에 두고 대비하는 게 필요해요.

차예린 아나운서

사실 무엇 하나 중요하지 않은 게 없어요. 그런데 아무래도 아나운서의 본분에 맞게 정확하고 조리 있게 말하는 연습이 가장 필요하지 않을까 생각해요. 외모는 누가 봐도 아나운서인데 말할 때 어휘 선택을 잘 못한다거나 언어구사력이 떨어지면 안 되겠죠. 면접 볼 때도 준비생들이 내뱉는 말 한마디에 심사위원들의 표정이 달라지는 게 보여요. 무엇보다 한국어공부, 시사상식 공부를 평소에 열심히 해야 할 것 같아요.

김주우 아나운서

준비생 때는 흔히 생각하는 아나운서의 이미지에 자신을 끼워 맞추려고 노력하게 되는데, 그러면 수많은 아나운서 준비생 중 하나일 수밖에 없는 것 같아요. 정형화된 스타일은 심사위원들도 지겨워하기 때문에 자신에게 어울리는 게 뭔지를 먼저 찾아야 해요. 나에게 어울리는 컬러는 뭔지, 어떤 스타일의 옷인지, 메이크업은 어떻게 할 것인지 등등 디테일한 접근이 필요한 거죠. 시험장에 가보면 합격한 아나운서들의 스타일을 그대로 재현한 사람들이 많아요. 마치 흥행에 성공한 드라마 속 남녀 주인공을 따라 하는 것처럼 말이죠. 누가 A블라우스를 입어서 붙었다거나 누가 행커치프를 했는데 멋있었다더라 그런 말이 돌면 대부분 비슷하게 하고 와요. 근데 그건 합격한 사람의 무기였던 거지 자기 무기가 아니거든요. 그런 면에서 원장님 같은 전문가가 필요한 것 같아요.

한석준 아나운서

정원을 많이 뽑는 기업의 경우 정해놓은 기준에 어느 정도 도달하면 합격할 확률이 높아져요. 하지만 아나운서는 많은 인원을 필요로 하지 않기 때문에 특화된 재능이 있어야 해요. 예를 들어 다섯 개 항목을 만족시켜야 한다고 했을 때 다섯 개 모두 80점을 받는 것보다 하나라도 100점을 받는 게 더 낫다는 거죠. 원래 나한테 없는 능력을 가진 사람이 더 멋있고 대단해 보이는 법이잖아요. 그러다 보니 잘 못하는 걸 평균으로 끌어올리려고 시간을 낭비하게 되는데, 자기가 잘하는 걸 찾아서 그걸 100점으로 만드는 게 더 확실한 승부수가 아닐까 생각해요.

Q & A

1

풀메이크업을 하고도 어려 보이려면 어떻게 해야 하나요?

풀메이크업을 할 때 아이 메이크업이 너무 진하면 나이 들어 보여요. 이럴 땐 '페이크 아이 메이크업'을 해 보세요. 아이섀도를 바를 거라면 아이라인을 동공 쪽에만 그리고 마스카라로 눈매를 강조합니다. 아이섀도를 생략하고 아이라인과 마스카라만 한다면 훨씬 어려 보일 수 있어요.

아이라인은 속눈썹이 있는 부분은 브라운, 끝부분은 블랙 아이라이너로 그려줍니다. 언더라인은 앞트임 효과를 주고 싶다면 앞쪽 몽고주름에만, 뒤트임 효과를 주고 싶다면 뒤쪽에만 라인을 그려주세요. 전체적으로 다 그리지 않으니 진하지 않아서 어려 보인답니다.

2

베이스 메이크업을 할 때 두껍지 않으면서 피부 좋아 보이게 하는 방법이 있나요?

먼저 커버력이 있는 리퀴드 파운데이션을 얇게 한 번 펴 바른 뒤 다크서클과 잡티는 컨실러로 섬세하게 커버합니다. 파운데이션을 바를 때 콧등이나 이마, 인중 등 돌출된 부위에는 수분크림이나 글로우 베이스를 약간 섞어 다른 부위보다 더 가볍게 발라주세요. 눈에 제일 먼저 보이는 부위가 두꺼우면 베이스 전체가 두꺼워 보여요.

3

면접을 보러 갈 때 오랫동안 대기해야 하는 경우가 생기는데, 메이크업 수정을 어떻게 해야 할까요? 그리고 지속력을 높이기 위해서 어떤 메이크업을 해야 하나요?

보통은 아이 메이크업이 많이 지워지는데 파운데이션을 꼼꼼하게 바르고 유분기를 덜어줄 파우더를 눈두덩에 바르면 번지는 걸 방지할 수 있어요. 아이라인은 워터프루프 제품을 써도 오랜 시간이 지나면 피부에서 유분기가 올라와 번질 수밖에 없는데, 그럴 때는 아이라인을 대신해서 인조 속눈썹을 통째 붙이고 아이라인은 눈꼬리 쪽에만 그리면 눈매도 또렷해 보이고 번짐을 방지할 수 있어요.

4

쌍꺼풀 크기가 양쪽이 달라요. 아이라인을 어떻게 그려야 좌우가 맞아 보일까요?

이런 경우 쌍꺼풀이 큰 쪽은 점막에 가깝게 아이라인을 그리고, 쌍꺼풀이 작은 쪽은 아이라인을 두껍게 그리는 것으로 커버하는데, 그러면 인위적이고 부자연스러워 보여요. 아이라인을 동일하게 그린 뒤, 블랙에 가까운 브라운 섀도를 이용해 쌍꺼풀이 작은 쪽을 좀 더 두껍게 채워 바르면 좌우 눈매 교정도 되고 자연스러운 아이 메이크업이 가능합니다.

5

입술이 얇은데 도톰해 보이게 하려면 립 제품을 어떻게 발라야 할까요?

바르고자 하는 립 컬러보다 한 톤 어두운 컬러로 입술 라인을 살짝 그린 뒤에 원하는 틴트나 립스틱을 입술 중앙에다가 바르고 면봉이나 브러시로 바깥쪽으로 그라데이션 시켜줍니다. 그러면 립 라인부터 시작해서 자연스럽게 그라데이션되어 입술이 도톰해 보이고, 아랫입술에 쫀쫀한 질감의 립글로스를 덧바르면 입술이 더 탱글탱글해 보여요.

6

얼굴이 비대칭인데 셰이딩으로 커버할 수 있나요?

얼굴이 비대칭인 경우 셰이딩으로만 커버하려고 하지 말고 눈썹 모양, 눈 크기 등 얼굴 전체의 비대칭을 교정해야 해요. 얼굴이 더 작은 쪽에는 하이라이트를 해서 볼을 통통하게 만들고, 얼굴이 더 큰 쪽 턱선이나 광대 부분에는 셰이딩을 해서 대칭을 맞춥니다. 마지막으로 헤어라인까지 셰이딩을 하면 더욱 효과적이에요.

7

모공이 도드라지는 피부인데 매끄러워 보이게 하려면 어떻게 해야 할까요?

프라이머는 많이 사용하면 밀리는 현상이 일어나서 사용하기 까다로운 제품이에요. 모공이 특히 크다고 생각하는 부분에만 소량을 발라 스며들게 톡톡 두드려 줍니다. 프라이머의 제형이 되직하다면 수분에센스나 젤 타입의 수분크림을 살짝 섞어 소프트하게 만들어 사용하면 효과적으로 잘 바를 수 있어요. 그 위에 파운데이션이나 비비크림을 발라주면 매끈한 피부가 완성됩니다.

8

돌출입이어서 레드나 버건디처럼 강한 컬러의 립스틱을 못 발라요. 입이 좀 덜 나와 보이게 할 수 있을까요?

입술 전체에 매트한 제형의 진한 컬러 립스틱을 바르면 입술만 동동 떠 보이고 오히려 입이 더 나와 보여요. 립스틱, 립글로스, 립틴트의 세 가지 효과를 볼 수 있는 립락커 제품을 사용하면 입술 전체에 발라도 벨벳처럼 부드럽게 마무리되어 훨씬 자연스러워 보여요.

9

눈이 짧은 편인데 쌍꺼풀이 커서 아이라인을 그리면 안 어울리는 것 같아요. 어떤 모양의 아이라인을 그려야 눈도 길어 보이고 잘 어울릴까요?

짧고 동그란 눈은 첫인상이 조금 부담스러워 보일 수 있으니 앞트임, 뒤트임을 한 듯 길고 시원한 눈매 연출이 필요해요. 눈 앞쪽 위아래를 브라운 아이라이너로 앞트임 한 것처럼 살짝 빼서 그리고, 동공 쪽은 생략해도 좋아요. 동공이 끝나는 지점부터는 각도를 살짝 올려서 길게 빼줍니다. 가로로 눈이 길어 보이면서 전체적으로 눈이 커 보이는 효과가 있어요. 쌍꺼풀 쪽에 아이라인을 두껍게 그리면 눈이 부어 보일 수 있으니 속눈썹 뿌리에 가깝도록 얇게 그리는 것이 좋아요.

10

헤어라인이 예쁘지 않아서 셰이딩으로 빈 곳을 메우는데 티가 많이 나는 것 같아요. 좀 더 자연스럽게 할 수 있는 방법이 있나요?

M자형 이마나 비대칭 이마는 얼굴이 커 보이고 나이 들어 보여요. 머리숱이 풍성해보이고 예쁜 얼굴형을 위해서 이마와 두피의 경계선을 메우는 게 아니라 한 올 한 올 채우듯이 그려야 해요. 헤어 컬러가 밝다면 컬러에 맞춰서 헤어라인 섀도를 선택하는 것이 좋아요.

thanks to KWON SUN YOUNG

김주우

대중에게 보여지는 직업이다 보니 남자라도 외적인 이미지 관리를 소홀히 할 수 없는 것 같아요. 연차가 쌓이면 실력은 비등비등한 수준이 돼요. 그 외에 필요한 게 호감을 높이고 매력을 더하는 이미지인 거죠. 사실 세련됨과 촌스러움은 종이 한 장 차이예요. 그 차이를 발견하고 보완하는 게 중요하죠. 그런 의미에서 제가 도화지라면 원장님은 제게 '붓'의 역할을 해주시는 분이에요. 원장님 하면 딱 떠오르는 단어가 '터치'인데, 붓의 터치 몇 번으로 장점은 극대화시키고, 단점은 가려주니까요. 평소에도 호감 가는 이미지를 만들기 위해 제가 보완해야 할 점들에 대해 많은 조언을 해주세요. 일을 할 때만큼은 정말 프로페셔널한 면을 많이 보여주셔서 더욱 믿음이 가요.

차예린

원장님의 가장 큰 강점은 친근함인 것 같아요. 언니처럼 편하게 대해 주셔서 어떤 말이든 할 수 있거든요. 방송을 앞두고는 아무래도 긴장 상태로 있기 마련인데 메이크업을 받는 동안 이런저런 얘기들로 긴장을 풀어주시니까 정말 감사하죠. 그리고 워낙 경력이 오래되시다 보니 프로그램 성격에 따라 어떤 메이크업이 어울리는지 잘 아세요. 제가 어떻게 해달라고 요청하지 않아도 상황에 맞게 알아서 잘해주시니 제가 고민할 게 없어요.

이진

MBC 입사 후 신입사원 때 MBC 달력 촬영을 하면서 처음 메이크업을 받게 됐어요. 그 전에 다니던 샵에서는 연예인처럼 당시에 유행하는 메이크업을 해주는 경우가 많았는데 원장님은 아나운서다워보이게 해주시는 것 같아요. 예쁜 부분은 더 예뻐 보이게, 표정도 어떻게 하면 더 자연스러워 보이는지 조언을 많이 해주세요. 저한테는 진짜 뷰티 멘토 같은 분이에요.

이혜승

메이크업 아티스트들이 가진 특유의 이미지가 있어요. 아이라인을 날카롭게 그리거나 짙은 컬러의 립스틱을 발라서 강한 인상을 주는 분들이 많죠. 근데 원장님은 선배 아나운서 같은 느낌이에요. 메이크업도 항상 단정하고 깔끔하게, 말할 때도 바른 말 고운 말을 쓰는 게 몸에 밴 것 같고요. 아나운서들 메이크업을 할 때 지향해야 할 점, 지양해야 할 점을 정확히 알고 있어서 늘 흡족한 결과물을 만들어내세요. 언제든 믿고 얼굴을 맡길 수 있어요.

한석준

한 번은 스타일리스트가 저한테 메이크업 안 한 거냐며 얼굴이 좀 별로인 것 같다고 한 적이 있었는데, 누나가 바쁘다고 해서 다른 사람에게 메이크업을 받았던 날이었어요. 아무래도 남자 메이크업은 누가 하든지 여자보다는 결과의 편차가 덜할 텐데, 주변 사람들의 평가가 그 미세한 차이를 말해주는 것 같아요.
예전에 골프에 한창 빠져 있을 때 피부가 너무 까매져서 어두운 톤의 파운데이션을 발라도 목과 색깔 차이가 날 정도였거든요. 그때 누나가 흑인 피부용 파운데이션을 따로 구입해서 발라줬었어요. 이런 세심한 배려가 메이크업 아티스트로서의 누나를 더 돋보이게 만드는 것 같아요. 얼마 전에는 특집 방송 녹화 때문에 중국에 가야 했는데, 해외 촬영 때는 메이크업 아티스트를 데려갈 수 없기 때문에 아나운서들이 직접 메이크업을 해야 해요. 그래서 누나에게 내가 뭘 가져가면 되냐고 물었더니 다음날 풀세트로 아예 메이크업 키트를 만들어주더라고요. 이렇게 아무 대가 없이 순전히 나만을 위한 배려를 해줄 때가 종종 있어요. 이제는 워낙 친하다 보니 표현은 잘 못하지만 마음속으로 굉장히 큰 감동을 받아요. 앞으로도 메이크업만큼은 누나에게 계속 맡길 생각이에요.

엄지인

처음 아나운서 시험을 쳤던 게 2006년도였어요. 평소 메이크업에 큰 관심이 없었고 잘하는 편도 아니어서 시험이 있을 땐 전문 메이크업 아티스트의 도움을 받았었죠. 그해 여름에 KBS 32기 아나운서 공채 시험이 있었어요. 그날도 샵에서 메이크업을 받고 시험장으로 갔는데, 메이크업이 저랑 안 어울리는 것 같다는 생각이 자꾸 드는 거예요. 면접 때 진짜 잘해야겠다 생각하면서 시험장으로 갔죠. 준비생들 틈에서 대본 연습을 하고 있는데 계속 눈길이 가는 사람이 있었어요. 헤어나 메이크업이 진짜 아나운서처럼 기품이 느껴지더라고요. 그 사람이 바로 이지애 아나운서였어요. 저 사람이 합격할 것 같다는 생각이 강하게 들면서 갑자기 자신감이 떨어지더라고요(실제로 이지애 아나운서는 이때 합격했었다). 면접 끝나고 화장실까지 따라가서 헤어랑 메이크업을 누가 해줬는지 물어봤어요. 그때 권선영 원장님 명함을 받았죠. 우리 인연은 그때부터예요. 원장님이 저한테 어울리는 헤어, 메이크업은 물론이고 이미지 메이킹에 대한 조언까지 도맡아 해주셨고, 일 년 뒤 저는 KBS 33기 아나운서 시험에 합격했어요. 면접 때 제일 중요한 게 자신감이거든요. 헤어와 메이크업이 만족스러우니까 아무래도 좀 더 자신감 있게 면접에 임하게 되더라고요. 원장님 도움이 정말 컸어요. 제 결혼식 때 신부화장도 원장님께 부탁드렸었어요. 그러고 보니 제 인생의 중요한 순간마다 원장님과 함께였네요. 제겐 늘 감사한 분이에요.

NARS
BOBBI BROWN
tarte
CC
CREAM
AGENT ZERO SHINE
MAKE UP FOR EVER
PROFESSIONAL

CARMEX
healing
NARS
NARS

벌써 18년. 브라운관을 누비는 아나운서의 절반 이상이 내게서 메이크업을 받았고, 그보다 몇 배나 많은 아나운서 준비생들이 내게서 메이크업과 이미지 메이킹에 대한 강의를 듣는다. 이제는 방송에 출연하거나 잡지 촬영을 하는 일도 어색하지 않다. 난 그저 묵묵히 내 길을 걸어온 것뿐인데, 18년의 시간은 내게 많은 선물을 안겨 주었다.

가끔 생각한다. 내가 메이크업 아티스트가 되지 않았다면 어땠을까. 신기하게도 이 일을 대체할 그 어떤 직업도 떠오르지 않는다. 새벽 출근은 여전히 힘들지만, 샵에 도착해 가지런히 정리되어 있는 메이크업 제품들을 보면 나도 모르게 설렌다.

살면서 '천직'을 만나기란 얼마나 힘들까. 내 삶에도 크고 작은 굴곡들이 계속 있어 왔지만 다른 곳도 아닌 일터에서 행복을 느낄 수 있다는 것만으로 큰 축복을 받았다고 생각한다. 이름 앞에 붙는 수식어는 인생에서의 현재 위치를 알려주는 푯말 같은 게 아닐까. 지금도, 앞으로도, 어떤 수식어가 붙든 연연하지 않을 것이다. 중요한 건 언제나 '메이크업 아티스트'가 빠지지 않을 거라는 사실이다.

오늘도 나는 설레는 마음으로 브러시를 잡는다.

아나운서처럼 메이크업하라

초판 1쇄 인쇄 2015년 6월 11일
초판 1쇄 발행 2015년 6월 17일

지은이 | 권선영
펴낸이 | 정상우
주간 | 정상준
편집 | 이민정 정희정 심슬기
디자인 | 김기연
관리 | 김정숙

펴낸곳 | 오픈하우스
출판등록 | 2007년 11월 29일(제13-237호)
주소 | 서울시 마포구 동교로13길 34(121-896)
전화 | 02-333-3705
팩스 | 02-333-3745
www.openhousebooks.com
www.facebook.com/openhouse.kr

ISBN 979-11-86009-21-5 13590

* 잘못된 책은 구입처에서 바꾸어 드립니다.
* 값은 뒤표지에 있습니다.

〈도움 주신 분들〉

사진 촬영 | 스튜디오501
메이크업 | 유리, 지은, 미경
헤어 | 해인, 우리
모델 | 엄지민, 이용석, 장수정, 천영은, 한미선
사진 제공 | 씨엘스튜디오(02-542-0905), 올제스튜디오(02-3453-2003)